O ESPAÇO PÚBLICO
NA CIDADE CONTEMPORÂNEA

Angelo Serpa

O ESPAÇO PÚBLICO
NA CIDADE CONTEMPORÂNEA

editora**contexto**

Copyright© 2007 Angelo Serpa

Todos os direitos desta edição reservados à
Editora Contexto (Editora Pinsky Ltda.)

Foto de capa
Jaime Pinsky

Montagem de capa
Gustavo S. Vilas Boas

Diagramação
Gapp Design

Revisão
Lilian Aquino
Ruth Kluska

Dados Internacionais de Catalogação na Publicação (CIP)
(Câmara Brasileira do Livro, SP, Brasil)

Serpa, Angelo
O espaço público na cidade contemporânea / Angelo Serpa. –
2. ed., 4ª reimpressão – São Paulo : Contexto, 2025.

Bibliografia
ISBN 978-85-7244-349-4

1. Cidades 2. Espaços públicos urbanos 3. Geografia humana
4. Geografia urbana I. Título.

06-8395	CDD-304.23

Índice para catálogo sistemático:
1. Espaço público na cidade : Geografia humana :
Ciências sociais 304.23

2025

EDITORA CONTEXTO
Diretor editorial: *Jaime Pinsky*

Rua Dr. José Elias, 520 – Alto da Lapa
05083-030 – São Paulo – SP
PABX: (11) 3832 5838
contato@editoracontexto.com.br
www.editoracontexto.com.br

SUMÁRIO

APRESENTAÇÃO

Qual é o papel desempenhado pelo espaço público na cidade contemporânea? Como definir o espaço público na contemporaneidade? Que variáveis analisar? E a partir de que teorias e conceitos?

Discutir o papel do espaço público na cidade contemporânea constitui-se, antes de tudo, em um desafio, não só para a Geografia, mas também para todas as ciências e filosofias que se pretendam políticas e ativas.

O espaço público é aqui compreendido, sobretudo, como o espaço da ação política ou, ao menos, da possibilidade da ação política na contemporaneidade. Ele também é analisado sob a perspectiva crítica de sua incorporação como mercadoria para o consumo de poucos, dentro da lógica de produção e reprodução do sistema capitalista na escala mundial. Ou seja, ainda que seja público, poucos se beneficiam desse espaço teoricamente comum a todos.

É visto, ainda, como espaço simbólico, da reprodução de diferentes ideias de cultura, da intersubjetividade que relaciona sujeitos e percepções na produção e reprodução dos espaços banais e cotidianos.

A Geografia desempenha papel central, como campo filosófico e científico, na busca de respostas às questões formuladas inicialmente. Aqui, a produção do espaço urbano, em especial do espaço público na cidade contemporânea, exigiu a conciliação de diferentes epistemologias e geografias, da fenomenologia à dialética marxista, da geografia humanístico-cultural, de cunho intersubjetivo e simbólico, à geografia crítica, de cunho social e político.

O livro está estruturado em nove capítulos. No capítulo "Acessibilidade", parte-se do pressuposto de que o "capital escolar" e os modos de consumo são os elementos determinantes das identidades sociais no espaço público da cidade contemporânea. Assim, diferença e desigualdade vão se articular no processo de apropriação espacial, definindo uma acessibilidade que é, sobretudo, simbólica. É inevitável a constatação de que acessibilidade e alteridade têm uma dimensão de classe evidente, o que vai determinar os processos de territorialização (e, na maior parte dos casos, de privatização) dos espaços públicos urbanos. Nesse capítulo, quero compreender que qualidades norteiam a apropriação social do espaço público na cidade contemporânea, buscando explicar como espaços, que, em tese, seriam – ou deveriam ser – acessíveis a todos, vão sendo apropriados de modo seletivo e diferenciado pelos diferentes agentes e grupos, em cidades como Salvador, São Paulo e Paris.

No capítulo "Valorização imobiliária", o papel central dos parques públicos, como elementos dinâmicos de programas de renovação urbana, é examinado à luz de estudos de caso em Paris e Salvador. Nesse contexto, busco analisar também a tendência à homogeneização de linguagem no paisagismo contemporâneo, em consequência da globalização e da internacionalização dos projetos paisagísticos. Como elementos de dinamização da economia urbana, os parques públicos parecem acentuar a segregação social, funcionando como "álibis" de determinadas políticas de intervenção urbana. Em primeiro lugar, procuro qualificar a localização desses equipamentos, na escala metropolitana, com foco nas duas cidades. Em seguida, a natureza da descontinuidade produzida pelos novos parques, em comparação com as áreas vizinhas, é demonstrada através de dados relativos à valorização do solo urbano, indicando diferenças significativas entre os espaços onde os parques estão localizados e as demais áreas das aglomerações metropolitanas analisadas.

Na primeira parte do capítulo "Visibilidade", escrito a quatro mãos com Francine Deloisy-Barthe, o pressuposto de base é a constatação de que todos os parques públicos representam alegorias do tempo e dos poderes que os conceberam. Um ano de estágio pós-doutoral na França tornou possível a confrontação disciplinar de dois pesquisadores de círculos culturais distintos, trabalhando sobre o mesmo objeto de estudo: os parques públicos urbanos. A discussão articula-se em torno do paradoxo entre forma e discurso, evidente nos valores veiculados pelos projetos executados na capital francesa, que, em geral, colocam em destaque as virtudes dos parques urbanos, mas muitas vezes deixam em segundo plano os valores imobiliários e mercadológicos, que traduzem a emergência do *marketing* urbano, um signo forte das representações do poder econômico e político. Na segunda parte do capítulo, surge uma questão comum de pesquisa: um trabalho similar sobre os espaços públicos de natureza em Salvador traria novos elementos de análise e respostas diferentes para nossos questionamentos? Parte-se da hipótese de que, apesar das similaridades formais e funcionais evidentes nesses espaços recreativos, existem diferenças fundamentais nas práticas espaciais dos seus usuários. A reflexão central gira em torno dos espaços públicos "de natureza" em Salvador, analisando as influências recíprocas das representações e práticas dos baianos, relacionadas com a apropriação da natureza "urbana", que podem revelar uma realidade urbana, social e cultural específica.

No capítulo "Turismo e espetacularização", os conceitos de "cidade-festiva", "festa-mercadoria" e "consumo cultural" baseiam a análise dos processos atuantes no desenvolvimento e no planejamento de cidades "reinventadas" para o consumo turístico. Em cidades como Salvador tudo vai sendo organizado para tornar-se espetáculo em prol do incremento da atividade turística, reproduzindo, tanto no centro antigo como nos municípios praianos de sua região metropolitana, a velha lógica de concentrar os lucros nas mãos de poucos empreendedores e de empregar a população local em funções subalternas. Os exemplos analisados apontam para uma "espetacularização" crescente do espaço público na cidade contemporânea, transformando as festas e manifestações populares em "festas-mercadoria" para o consumo cultural de massa. Constata-se que, para o planejamento turístico, a questão central é a construção de uma transversalidade lúdica que respeite as diferenças, mas que não as reitere, reinstalando a segmentação.

No capítulo "Natureza e intersubjetividade", busco explicitar as imagens permeadas de subjetividade da "natureza" na cidade, a fim de embasar a formulação de uma linguagem intersubjetiva no planejamento urbano, ambiental e paisagístico, uma "linguagem comum", que poderia ser compartilhada por planejadores e leigos, nos processos de produção do espaço urbano. Os exemplos analisados baseiam-se em quarenta entrevistas realizadas em parques, praças, jardins, florestas e áreas de lazer em Viena. Parto do pressuposto de que espaços públicos urbanos podem gerar associações inconscientes (que por sua vez influenciam a relação homem-espaço), que, se explicitadas e analisadas, poderiam valorizar o caráter subjetivo das questões "perceptivas" no processo de planejamento e gestão desses espaços. Como captar experiências subjetivas de paisagem(ns)? Seria o espaço urbano um catalisador de experiências (arque) típicas de paisagem? Como diferenciar o pessoal do coletivo nos processos de apropriação simbólica do espaço? Planejadores urbanos e paisagistas, assim como usuários e leigos, foram questionados a respeito de sua compreensão sobre a "natureza" na cidade e sobre a dimensão subjetiva dos processos de apropriação social do espaço público na cidade contemporânea.

No capítulo "Cultura e participação popular", discuto o papel do espaço público como espaço da ação política e arena para manifestação de diferentes ideias de "cultura" no contexto urbano, que é vista como um motivo de conflito de interesses nas sociedades contemporâneas, um conflito pela sua definição, pelo seu controle, pelos benefícios que assegura. Busco uma ideia de "cultura" que abarque as representações e práticas sociais das classes populares nas cidades contemporâneas, a partir de relatos de moradores dos bairros populares de Salvador, visando ao aprofundamento da discussão sobre a participação popular na formulação e gestão de políticas culturais num momento de consolidação da atividade turística na cidade. Na segunda parte do capítulo, tomando-se a formulação do conceito de "entre-lugar" como ponto de partida, procuro analisar o exemplo das rádios comunitárias nos bairros populares da capital baiana, atentando para a força das táticas enraizadas no lugar, que podem subverter a lógica da produção de hegemonias culturais nas cidades contemporâneas. Por fim, sugiro uma análise fenomenológica e praxeológica das trajetórias culturais dos grupos que produzem e reproduzem ideias de cultura alternativas à cultura dominante, a fim de apreender a composição dos lugares onde esses grupos atuam, bem como a inovação que modifica esses lugares ao atravessá-los, por sua abrangência de atuação.

No capítulo "Manifestações da cultura popular", são analisados os processos culturais em curso nos bairros populares de Salvador, ressaltando-se o papel da cultura na vida social dos moradores. Procuro explicitar as diferentes formas de manifestação da cultura popular ainda presentes nos bairros estudados, enfatizando, na análise, o confronto entre cultura popular e cultura oficial. Os resultados mostram que os bairros populares transformam-se em microcosmos, com suas manifestações culturais e práticas sociais próprias, que representam muitos interesses (políticos, comerciais, promocionais etc.), restando, como diferencial, os interesses das associações de bairro, que realizam atividades culturais em prol da preservação e manutenção de sua tradição e identidade.

No capítulo "Representações sociais", discuto o significado dos estudos de percepção e cognição ambiental para a construção de uma base teórico-metodológica de uma Geografia das Representações Sociais. É enfatizada a importância dos conceitos de "espaço vivido", *"habitus"* e "experiência" para a construção de um conhecimento geográfico que procure explicitar as relações entre cultura e poder nos processos de apropriação social e espacial em diferentes escalas e recortes espaciais, assim como as múltiplas estratégias cognitivas dos diferentes agentes e grupos produtores de "espaço". Resultados de pesquisas realizadas no mestrado em Geografia da Universidade Federal da Bahia demonstram a viabilidade de aplicação de procedimentos e instrumentos metodológicos, como a cartografia cognitiva e os mapas mentais, articulados aos conceitos discutidos ao longo do capítulo.

O capítulo "Digressões" pretende ampliar as discussões precedentes sobre o espaço público na cidade contemporânea. É uma colcha de retalhos, um caleidoscópio, em que pretendo lançar outras luzes sobre temas como segregação, violência, imigração, cidadania e participação, esclarecendo (ou criticando) o papel da esfera pública burguesa no mundo contemporâneo, a partir da análise de exemplos franceses (com foco, sobretudo, nos bairros populares de Paris), experienciados pelo autor durante suas pesquisas de pós-doutorado na França nos anos de 2002 e 2003.

★★★

Este livro é resultado de uma inquietação e da tentativa de buscar respostas para questões de pesquisa que vêm sendo formuladas e reformuladas desde os tempos de doutorado, concluído em 1994, em Viena, Áustria.

A obra não teria sido possível sem os debates e as contribuições dos estudantes da disciplina "Espaço público na cidade contemporânea", um universo composto por mestrandos em Geografia e por mestrandos e doutorandos em Arquitetura e Urbanismo da Universidade Federal da Bahia. A disciplina, oferecida ao longo de dois semestres, na UFBA, foi transformada em seminário de pesquisa realizado em 2004 na Universidade de São Paulo, no Programa de Pós-Graduação em Geografia Humana, sob minha coordenação e a convite da professora Ana Fani Alessandri Carlos, à época coordenadora do Programa. A ela, meus sinceros agradecimentos pelas profícuas discussões e acalorados debates ao longo das cinco sessões do referido evento.

Meus agradecimentos também à Capes, pela concessão de bolsa de pós-doutorado para realização de pesquisas junto ao laboratório Espaces et Cultures da Universidade de Paris IV (Sorbonne), ao professor Paul Claval, pela supervisão e atenção dispensada durante a realização do estágio pós-doutoral, e, muito especialmente, a Francine Deloisy-Barthe, com quem divido a autoria do capítulo "Visibilidade", escrito a quatro mãos quando trabalhamos juntos no laboratório Espaces et Cultures em Paris e ao longo de duas missões de Francine em Salvador, na UFBA, pela sua generosidade em compartilhar comigo suas reflexões de pesquisa, ao CNPq, pela concessão de bolsa de produtividade em pesquisa ao longo dos últimos anos, e aos bolsistas de Iniciação Científica, de Monitoria e de Apoio Técnico do Projeto Espaço Livre de Pesquisa-Ação, em especial a Suely dos Santos Coelho, Márcia de Freitas Cordeiro, Flávia Silva de Souza, Marilu Matos de Santana, Cláudia Alves dos Santos, Marcelo Sousa Brito e Ana Rosa do Carmo Iberti.

ACESSIBILIDADE

A Geografia pouco se ocupou da discussão acerca do espaço público urbano. Com raras exceções, esse tem sido um tema pouco explorado pelos geógrafos. Em um livro lançado em 2002, Gomes busca compreender, na contramão dessa tendência, a contribuição da Geografia para o entendimento do espaço público na cidade contemporânea, baseando-se em estudos de caso no Brasil, França e Canadá. É uma pesquisa pioneira, que pretende lançar as bases "geográficas" para análise desse tema, associando os conceitos/noções de espaço público e cidadania. Também o papel do Estado na conformação do espaço público urbano é discutido pelo autor. Gomes defende a ideia de que tais pesquisas, na Geografia, devem nortear-se pela concretude desses espaços, sem perder de vista as práticas e dinâmicas sociais que aí se desenvolvem.

A questão levantada por Gomes é pertinente, mas é evidente a dificuldade de muitos pesquisadores quando se trata de relacionar as dimensões políticas e sociais de uma esfera pública urbana e os aspectos formais e estruturais dos espaços públicos "concretos". Dialeticamente, forma e conteúdo são a um só tempo produtos e processos: são autocondicionantes, autorreferentes e historicamente determinados. Na análise do espaço público urbano, forma e conteúdo são, portanto, indissociáveis, e uma discussão sobre o tema passa necessariamente pela difícil articulação entre os aspectos que dão "concretude" à esfera pública urbana e aqueles de cunho mais abstrato, que denunciam seu caráter intersubjetivo e a necessidade de uma abordagem fenomenológica do problema.

Uma abordagem assim passa necessariamente pela discussão da noção de cidadania e da ação política e, para falar em um conceito evidentemente geográfico, pela análise da acessibilidade. Esta última está estreitamente vinculada, na demarcação dos territórios urbanos, à alteridade, contrapondo uma dimensão simbólica (e abstrata) à concretude física dos espaços públicos urbanos. Pois, a acessibilidade não é somente física, mas também simbólica, e a apropriação social dos espaços públicos urbanos tem implicações que ultrapassam o *design* físico de ruas, praças, parques, largos, *shopping centers* e prédios públicos. Se for certo que o adjetivo "público" diz respeito a uma acessibilidade generalizada e irrestrita, um espaço acessível a todos deve significar, por outro lado, algo mais do que o simples acesso físico a espaços "abertos" de uso coletivo. Afinal, que qualidades norteiam a apropriação social do espaço público na cidade contemporânea? Como explicar a apropriação seletiva e diferenciada de espaços, que, em tese, seriam – ou deveriam ser – acessíveis a todos?

Essas questões serviram de norte para uma revisão bibliográfica comentada das contribuições filosóficas de Hannah Arendt, Jürgen Habermas, Walter Benjamin e Henri Lefebvre,[1] aplicadas, em seguida, na análise de exemplos concretos de espaços públicos, em cidades como Salvador, São Paulo e Paris. Justamente para fugir do risco da abstração demasiada, implícita na análise pretendida, ressalta-se uma aplicação empírica dos conceitos discutidos, buscando-se elucidar as dimensões socioculturais e políticas da apropriação social dos espaços públicos urbanos, em contextos distintos. Aqui, a análise das semelhanças tem um peso equivalente à explicitação das diferenças, de acordo com a máxima de Milton Santos (1994): as regiões e os lugares são as distintas versões da mundialização. Como, em um contexto de homogeneização de espaços e técnicas, na escala mundial, pode-se falar em apropriação social do espaço público urbano? Qual é, afinal, o significado do espaço público na cidade contemporânea, expressão maior do capitalismo oligopólico e monopolista?

Entre ação e comunicação

Entre os chamados "filósofos do espaço público", destacam-se, sem dúvida, as contribuições de Hannah Arendt e Jürgen Habermas. Na obra de Arendt, o espaço público aparece como lugar da ação política e de expressão de modos de subjetivação não identitários, em contraponto aos territórios familiares e de identificação comunitária. Já para Habermas, o espaço público seria o lugar *par excellence* do agir comunicacional, o domínio historicamente constituído da controvérsia democrática e do uso livre e público da razão.

Na concepção de Arendt, a ação política é uma atividade que comprova imediatamente a pluralidade da condição humana. Seguindo a tradição kantiana e aristotélica, Arendt tenta repensar a ação política a partir da capacidade de julgamento, entendendo como tal o poder de discernimento de cada ser humano; algo intercambiável a partir da possibilidade de comunicação entre os indivíduos, o que confere um caráter intersubjetivo à esfera pública, ampliada a partir do confronto de (diferentes) ideias e ações.

O poder de julgamento é, para Hannah Arendt (1972), uma faculdade humana especificamente política. É a capacidade de interpretar as coisas na perspectiva de todos e não apenas do ponto de vista pessoal. O julgamento é uma das faculdades fundamentais do homem como ser político, permitindo que ele seja capaz de orientar suas ações na esfera pública, no mundo coletivo. Os gregos chamavam isso de perspicácia e consideravam a capacidade de julgar a virtude principal que conferia excelência ao homem de Estado, em oposição à sabedoria dos filósofos.

Habermas (1984) foi buscar na mercantilização da esfera literária ao longo do século XIX uma maneira de explicitar o declínio do uso público da razão. Na visão do autor, os círculos literários acabaram por perder sua independência diante das exigências de "satisfação das necessidades" de públicos cada vez mais largos. O comportamento característico de quem busca o lazer deve ser visto, segundo Habermas, como apolítico, já que isso está ligado ao círculo da produção e do consumo e não pode gerar uma esfera pública liberada da preocupação com as necessidades econômicas mais imediatas.

É no campo de tensões entre Estado e sociedade que vai se desenvolver a esfera pública burguesa, tornando-se ela mesma, paulatinamente, parte do setor privado. Para Habermas, o fundamento inicial da esfera pública burguesa é a separação radical das esferas pública e privada. Mas, com a expansão das relações econômicas de mercado, surge a esfera do "social", que destrói as limitações da dominação feudal e torna necessárias novas formas de autoridade administrativa. A produção liberta-se das competências da autoridade pública – e, por outro lado, a administração descarrega-se de trabalhos produtivos, na medida em que é intermediada pelo sistema de trocas. O poder público vai concentrar-se nos Estados nacionais e territoriais, elevando-se progressivamente acima de uma sociedade privatizada.

Com a evolução do capitalismo e o avanço do liberalismo, dissolve-se de fato a relação original entre o público e o privado, através da decomposição generalizada das características essenciais da esfera pública burguesa. Para Habermas, duas tendências, dialeticamente inter-relacionadas, marcam a decadência da esfera pública: ela penetra setores cada vez mais extensos da sociedade e, ao mesmo tempo, vai perdendo sua função política, no sentido de submeter os fatos tornados públicos ao controle de um público crítico. A partir do momento em que as leis do mercado, que dominam a esfera dos negócios e do trabalho, penetram também na vida privada dos indivíduos, "reunidos" artificialmente em um "espaço público", a capacidade de julgamento – a razão – tende a transformar-se em consumo. A comunicação – pública – perde em coerência e dissolve-se em estereótipos para o consumo individual (Prado Jr., 1995).

Sabemos, no entanto, que, no Brasil, a formação da sociedade civil burguesa não seguiu o modelo proposto por Habermas, já que, como não houve feudalismo no país, também não existiram as condições para a formação da burguesia a partir da evolução das relações feudais. Entretanto, como Leite (1998), nosso propósito aqui é menos o de discutir o processo de constituição de uma ordem social burguesa no Brasil, do que as condições apresentadas pela cidade contemporânea para servir de receptáculo para representações dessa ordem. É de suma importância, portanto, analisar as condições que permitem, ou não, a representação pública das aspirações privadas nas cidades do país.

Seguindo a trilha de Benjamin...

O aparecimento de uma ideologia "sentimentalista" nos magazines de sucesso, a partir da segunda metade do século XIX, marcou uma degradação evidente dos círculos literários no continente europeu, como indica Habermas. Paralelo a esse processo, acontece a consolidação de uma imprensa de massa, antes celebrada como uma instância fundamental para a emancipação dos cidadãos, que passa a favorecer, ao contrário, a dispersão, a estupefação e a paralisia dos leitores-consumidores, despossuídos de sua capacidade de assimilação e de associação.

Com a degradação dos leitores em clientes-consumidores, confirmam-se, meio século mais tarde, as reflexões de Walter Benjamin sobre o declínio crescente da experiência e da capacidade de assimilar os acontecimentos externos à vida privada dos indivíduos. Graças às novas tecnologias e aos monopólios econômico-midiáticos, é cada vez maior o abismo entre intimidade e exterioridade, entre vida privada e vida pública, marcando uma crise evidente na percepção e na capacidade de assimilação dos indivíduos.

A noção de experiência (*Erfahrung*) é uma das noções capitais da teoria de Walter Benjamin. A ela se junta a noção de vivência (*Erlebnis*). A experiência está relacionada à memória, individual e coletiva, ao inconsciente, à tradição. A vivência relaciona-se à existência privada, à solidão, à percepção consciente, ao choque. Nas sociedades modernas, o declínio da experiência corresponde a uma intensificação da vivência (Muricy, 1999).

Submete-se, portanto, a experiência à vivência, contrapondo as sensações fortes e o choque à aptidão humana de imaginar e de julgar. O que está em jogo aqui é a crise geral da percepção e da capacidade de julgamento, dentro de um contexto de "reprodutibilidade técnica". Segundo Benjamin (1996), com a reprodutibilidade técnica, a obra de arte se emancipa, destacando-se do ritual. A obra de arte reproduzida é cada vez mais a reprodução de uma obra de arte criada para ser reproduzida. Pode-se generalizar dizendo que a técnica da reprodução destaca do domínio da tradição o objeto reproduzido. Ao multiplicar a reprodução, coloca, no lugar da existência única da obra, uma existência em série. Isso vai permitir a reprodução vir ao encontro do espectador, sempre atualizando o objeto reproduzido. Esses dois processos vão resultar, finalmente, num violento abalo da tradição.

A contribuição fundamental de Henri Lefebvre

O abalo da tradição em Walter Benjamin pode ser explicado também pela brutal (e crescente) separação entre os conteúdos econômicos e históricos no capitalismo. Para Henri Lefebvre, não é necessário um exame muito atento das cidades modernas, das periferias urbanas e das novas construções, para constatar que tudo se parece. A dissociação, mais ou menos artificial, entre aquilo que chamamos "arquitetura" e o que chamamos de "urbanismo", isto é, entre o "micro" e o "macro", não contribuiu para o incremento da diversidade na morfologia urbana. Ao contrário, o repetitivo substituiu a unicidade, o factual e o sofisticado prevaleceram sobre o espontâneo e o natural, o produto sobre a produção. Esses espaços repetitivos resultam de gestos e atitudes também repetitivos, transformando os espaços urbanos em produtos homogêneos, que podem ser vendidos ou comprados. Não há nenhuma diferença entre eles, a não ser a quantidade de dinheiro neles empregada. Reina a repetição e a quantificação.

Esses espaços possuem um caráter visual cada vez mais pronunciado. Eles são fabricados para o "visível". Esse traço dominante, a visualização (mais importante que a "espetacularização" nela implícita), mascara a repetição. As pessoas olham, confundindo a vida, o olhar, a visão. Constrói-se sobre planos e projetos. Compram-se imagens. O olhar e a visão tornam-se intercambiáveis, eles permitem a simulação da diversidade do espaço social, o simulacro da transparência (Lefebvre, 2000).

Lefebvre vai conferir a esse espaço homogêneo – "concebido" – um caráter abstrato, em contraponto ao espaço absoluto, o espaço vivido/percebido das representações e das práticas espaciais cotidianas. Produto da violência e da guerra, o espaço abstrato é instituído pelo Estado e, portanto, institucional. Ele serve de instrumento para que os detentores do poder – político e econômico – destruam tudo aquilo que representa ameaça e resistência, em outras palavras, abram caminho para que se homogeneízem as diferenças. O espaço serve, assim, ao poder institucional como um tanque de combate, instrumentalizando a homogeneização. O sentido do espaço absoluto nada tem a ver com o intelecto, guardando relação com o corpo, com as ameaças à existência (através de sanções diversas), com as emoções (colocadas à prova a todo instante). Esse espaço é vivido, ele não é concebido, é espaço de representação, mais que representação do espaço.

As reflexões de Lefebvre são sem dúvida fundamentais para a análise do papel do espaço público na cidade contemporânea. Se o espaço público é, sobretudo, social, ele contém antes de tudo as representações das relações de produção, que, por sua vez, enquadram as relações de poder, nos espaços públicos, mas também nos edifícios, nos monumentos e nas obras de arte. A triplicidade ou tríade lefebvriana é também uma característica subjacente à estrutura espacial da esfera pública urbana: a) as práticas espaciais, englobando produção e reprodução, lugares específicos e conjuntos espaciais característicos para cada formação social, assegurando continuidade em um quadro de relativa coesão; b) as representações do espaço, ligadas às relações de produção, à ordem imposta, ao conhecimento, aos signos e códigos, às relações "frontais"; c) os espaços de representação, apresentando simbolismos complexos, expressão do lado clandestino e subterrâneo da vida social, mas também da arte.

Alteridade e acessibilidade no espaço público

Os símbolos que compõem uma identidade social não são construções totalmente arbitrárias ou aleatórias, já que sempre mantêm determinados vínculos com a realidade concreta. Ao mesmo tempo em que determina aspectos da vida em sociedade, o simbolismo está repleto de interstícios e de graus de liberdade, como lembra Castoriadis (1983).

A questão das identidades urbanas mantém-se insuficientemente explorada, mesmo nos estudos de Antropologia. No entanto, parece consensual que "identidades" constroem-se sempre a partir do reconhecimento de uma alteridade. Isso, no entanto, só pode acontecer onde há interação, transações, relações ou contatos entre grupos diferentes. Para Bourdieu (2000), o mundo social é também representação e vontade, e existir socialmente é também ser percebido como distinto. Assim, as lutas a respeito da identidade constituem-se em casos específicos das lutas das classificações e visam a impor a definição legítima das divisões do mundo social, fazendo e desfazendo grupos. O que está em jogo é o poder de impor uma visão do mundo social através dos princípios de divisão que, quando se impõem ao conjunto do grupo, realizam o sentido e o consenso sobre a identidade e a unidade do grupo.

É no sistema de relações com o que lhe é externo, ou seja, com a alteridade, que a territorialidade pode ser definida. Ela está impregnada de laços de identidade, que tentam de alguma forma homogeneizar esse território, dotá-lo de uma área/superfície minimamente igualizante, seja por uma identidade territorial, seja por uma fronteira definidora de alteridade. Importante também é a distinção entre "diferente" e "desigual". Enquanto a desigualdade exige um parâmetro comum, classificatório, que permita uma comparação global, "em rede", a diferença *stricto sensu* o é no sentido de alteridade, não havendo, a princípio, a possibilidade de hierarquização, já que se manifesta quando confrontada com outra identidade (Haesbaert, 1997).

No espaço público da cidade contemporânea, o "capital escolar" e os modos de consumo são os elementos determinantes das identidades sociais. Aqui, diferença e desigualdade articulam-se no processo de apropriação espacial, definindo uma acessibilidade que é, sobretudo, simbólica. Visto assim, acessibilidade e alteridade têm uma dimensão de classe evidente, que atua na territorialização (e, na maior parte dos casos, na privatização) dos espaços públicos urbanos. O conceito de *habitus* é sem dúvida a melhor ferramenta disponível para perceber como a dimensão de classe age sobre cada indivíduo na esfera cultural. A identidade social se define e se afirma a partir de uma alteridade que expressa também uma dimensão de classe, uma alteridade ao mesmo tempo "desigual" e "diferente". Desse modo, a acessibilidade ao espaço público da/na cidade contemporânea é, em última instância, "hierárquica".

Os estilos de vida são produtos sistemáticos do *habitus*, que, percebidos a partir das relações sociais, transformam-se em sistemas de signos qualificados socialmente (como distintos, vulgares etc.). O fundamento da alquimia que transforma a distribuição do capital em sistema de diferenças percebidas está, portanto, na dialética que contrapõe o *habitus* e as condições materiais objetivas. Trata-se de um "capital simbólico", indutor de propriedades distintivas, um capital pouco conhecido na sua verdade objetiva. O gosto, propensão e aptidão à apropriação – material e/ou simbólica – de objetos e práticas, constitui-se num princípio gerador de estilos de vida distintos, num conjunto unitário de preferências distintivas que exprimem uma intenção "expressiva" (Bourdieu, 1979).

Espaços públicos para as classes médias?

Minhas pesquisas mostram que a concepção e implantação de novos parques públicos, em Paris e Salvador, a partir dos anos 1990, estão sempre subordinadas a diretrizes políticas e ideológicas. Na cidade contemporânea, o parque público é um meio de controle social, sobretudo das novas classes médias, destino final das políticas públicas, que, em última instância, procuram multiplicar o consumo e valorizar o solo urbano nos locais onde são aplicadas. Mais precisamente, as novas classes médias são representadas, nas cidades contemporâneas, pelos novos grupos de trabalhadores qualificados, engenheiros e técnicos, que surgem em função da evolução das condições de produção, pelas classes médias assalariadas com um nível elevado de estudos, pelas novas (ou renovadas) categorias profissionais, ou, simplesmente, pelo setor terciário inteiro, salvo evidentemente o "novo proletariado" terciário, constituído de categorias de trabalhadores pouco qualificados, mal remunerados e/ou com empregos precários. Trata-se de posições socioeconômicas equivalentes, onde as relações e representações estão "socialmente referenciadas". Pensa-se aqui no conceito de *habitus*, naquilo que concerne aos comportamentos das classes médias ao se apropriarem do espaço público contemporâneo.

No mundo ocidental, o lazer e o consumo das novas classes médias são os "motores" de complexas transformações urbanas, modificando áreas industriais, residenciais e comerciais decadentes, recuperando e "integrando" *waterfronts*, desenvolvendo novas atividades de comércio e de lazer "festivo". Isso é particularmente evidente nos Estados Unidos, onde as experimentações se multiplicam, antes de se "exportar" para o resto do mundo. Em Salvador, o Parque Costa Azul foi implantado no lugar de um antigo hotel em ruínas, margeando a orla atlântica, enquanto o Jardim dos Namorados foi projetado para dar origem a uma zona de pedestres e ciclistas na beira do mar. Em Paris, o Parque de Bercy foi construído paralelo ao rio Sena, enquanto o Parque André-Citroën está orientado em direção ao mesmo rio, que os criadores do parque entendem como o "quarto limite do projeto" em um jardim rodeado de água. Finalmente, o Parque de La Villette foi construído exatamente na confluência dos canais de Ourcq e Saint-Denis, substituindo os abatedores de carne de Paris.

Figura 1. Parque Costa Azul, Salvador, Bahia.

Figura 2. Jardim dos Namorados, Salvador, Bahia.

Figura 3. Parque de Bercy, Paris.

Figura 4. Parque André-Citroën, Paris.

Figura 5. Parque de La Villette, Paris.

Os novos parques da orla atlântica de Salvador vêm alimentar e "coroar" um processo de valorização imobiliária das áreas nobres da cidade, acrescentando novas amenidades físicas aos bairros que já possuem melhor infraestrutura de comércio e serviços, bem como vias expressas para circulação de veículos particulares. A lógica da localização dos parques na capital baiana obedece também ao princípio de priorizar áreas com algum interesse turístico, próximas a grandes equipamentos como o aeroporto internacional, o centro de convenções e os *shopping centers* Iguatemi e Aeroclube Plaza. Em Paris, os parques já nascem como elementos de valorização de bairros novos, que surgem em antigos terrenos industriais da capital francesa. Junto a eles, novos equipamentos culturais e de lazer são acrescentados ao tecido urbano, com o intuito de transformar áreas decadentes em polos de "lazer festivo" da cidade. Isso é evidente em Bercy, onde, junto ao parque, surgem um grande cinema *multiplex* e uma grande praça de alimentação (*"Bercy Village"*) nos antigos depósitos de vinho, outrora engarrafado ali.

Figura 6. Cinema *multiplex* em Bercy.

Existem também semelhanças evidentes quanto aos materiais utilizados e aos equipamentos implantados no Parque Costa Azul e no Jardim dos Namorados com outros projetos realizados ou em fase de execução na capital baiana (caso, por exemplo, dos Parques do Abaeté e das Esculturas) ou em outras cidades do país. O Parque Costa Azul acolhe em seu interior alguns restaurantes, equipamentos esportivos e áreas de jogos para crianças. Um anfiteatro serve de palco para shows e espetáculos de teatro gratuitos. O Jardim dos Namorados apresenta também *playgrounds* para crianças, um restaurante e áreas reservadas à prática de esportes. Uma pista de ciclismo liga este último ao Parque Costa Azul, graças a uma passarela sobre a Avenida Otávio Mangabeira. Ao longo do caminho, no Jardim dos Namorados, encontram-se quiosques para venda de comidas e bebidas. Esculturas estão dispostas em pontos-chave nos dois espaços, ao lado de painéis (no Parque Costa Azul) e de pórticos de cerâmica colorida (no Jardim dos Namorados). Pequenas placas indicando a autoria das obras marcam um itinerário de "museu ao ar livre".

A implantação dos parques na década de 1990 em Salvador foi iniciada com a inauguração do Parque do Abaeté. O exemplo do Parque do Abaeté é emblemático para demonstrar a uniformização visual e funcional dos espaços públicos urbanos, onde os parques se assemelham cada vez mais aos *shopping centers*, com a valorização do consumo como atividade de lazer. Restaurantes e bares parecem ser a principal atração do lugar para os moradores da cidade, embora a lagoa continue a atrair turistas de procedências diversas. No Abaeté, quem quiser chegar perto da lagoa deve abandonar os caminhos convencionais e adentrar a paisagem, caminhando pela areia. É como se os caminhos do projeto evitassem de maneira intencional a lagoa, partindo do pressuposto (incorreto!) de que para preservá-la da depredação humana o melhor seria segregá-la.

Figura 7. *Playground* infantil no Jardim dos Namorados.

Figura 8. Quadra poliesportiva no Jardim dos Namorados.

Figura 9. Escultura no Parque Costa Azul.

Nas grandes cidades do Brasil e do mundo ocidental, a palavra de ordem é, portanto, investir em espaços públicos "visíveis", sobretudo os espaços centrais e turísticos, graças às parcerias entre os poderes públicos e as empresas privadas. Esses projetos sugerem uma ligação clara entre "visibilidade" e espaço público. Eles comprovam também o gosto pelo gigantismo e pelo "grande espetáculo" em matéria de arquitetura e urbanismo. De uma forma deliberada, os novos parques públicos se abrem mais para o "mundo urbano exterior" e se inscrevem num contexto geral de "visibilidade completa" e espetacular. Projetados e implantados por arquitetos e paisagistas ligados às diferentes instâncias do poder local – verdadeiras "grifes" do mercado imobiliário –, os novos parques tornam-se importante instrumento de valorização fundiária.

As pesquisas desenvolvidas na França mostraram, sobretudo, que as operações de urbanismo que deram origem aos grandes parques em Paris têm muitos pontos em comum com aquelas desenvolvidas nas metrópoles de terceiro mundo e, também, em Salvador. Pode-se afirmar que fazemos as mesmas coisas quando estamos em um parque na França e no Brasil. Na verdade, estamos diante de um estilo de vida de classes médias, que homogeneíza as diferenças culturais em prol de modos de consumo mundializados. É claro que as classes médias francesas são muito mais numerosas e que seu poder de compra é incomparavelmente maior que no Brasil. Mas, para quem foi à Franca buscando diferenças, a quantidade de semelhanças encontradas não é de forma alguma negligenciável. Projetos assinados por arquitetos e paisagistas de renome, aqui e lá, servem para valorizar bairros de classe média, permanecendo distantes e inacessíveis para um público de perfil mais popular que habita as periferias metropolitanas das duas cidades. Eventos musicais como aqueles que acontecem no Parque da Cidade e no Parque Costa Azul, em Salvador, estão também na ordem do dia nos parques parisienses.

Esse é, por exemplo, o caso do Parque de La Villette, em Paris, intimamente ligado a grandes equipamentos culturais, como a Cidade da Música (um grande complexo musical, que abriga salas de exposições, sala de concertos, auditórios, conservatório e apartamentos para músicos), o Zenith (grande teatro para concertos de música pop) e a Cidade da Ciência (museu da ciência e da indústria), além do Cabaré Selvagem, da Géode (um cinema para exibição de filmes em três dimensões) e dos Teatros Internacional de Língua Francesa e Paris-Villette. Exposições, espetáculos de circo, peças de teatro, festivais de cinema, concertos de jazz, de música clássica e de música pop fazem parte do cotidiano do lugar. O público é jovem e diversificado, cresce a uma taxa de 15% ao ano, mas a maior parte dos consumidores da "cultura" de LaVillette têm diploma de curso superior ou estão cursando a universidade. Pesquisas realizadas pelo Estabelecimento Público do Parque de LaVillette mostram que, em 1992, os usuários do parque com nível elevado de estudos constituíam 61% do total de visitantes. Em 1993 e 1996, esse percentual oscilou para 57% e 55%, respectivamente (EPPGHLV, 1996). Pode-se falar aqui de um fraco sentimento de pertencimento a esse tipo de espaço público entre as classes populares, de uma recusa a se deixar guiar por aqueles que se consideram os únicos a ter legitimidade para definir o que é cultura (Ballion; Amar; Grandjean, 1983).

Em Salvador, das 3 milhões e 691 mil viagens feitas diariamente pelos habitantes da cidade, 1 milhão e 70 mil são feitas a pé, de acordo com uma pesquisa da Superintendência de Transportes Públicos, da prefeitura municipal. As causas apontadas pelo estudo – que contemplou 600 mil domicílios – para esse fato são, além das dificuldades financeiras (a principal), as necessidades de deslocamentos curtos, a deficiência do sistema de transportes e a tradição das caminhadas em festas populares. Apenas 21% dos domicílios pesquisados têm um carro estacionado na garagem (Rocha, 1998). Desse modo, ao priorizar a implantação de novos parques e praças na orla atlântica de Salvador, em detrimento da orla suburbana – onde a renda média da população é de um a três salários mínimos –, o governo e a prefeitura acabam discriminando grande parte da população soteropolitana, justo aquela com mais dificuldades de deslocamento e menos opções de lazer. Em uma cidade onde grande parte da população anda a pé, por falta de recursos para utilizar o transporte público, não é difícil perceber para que perfil de usuário foram pensados o Parque Costa Azul e o Jardim dos Namorados.

Mesmo que o discurso oficial defenda a ideia de que os novos equipamentos têm fomentado um novo comportamento nas atividades de lazer dos baianos, até então restritas à praia, poucos se beneficiam, além dos turistas e dos moradores do entorno, dos novos parques e praças. Em geral distantes dos bairros periféricos da cidade, os novos equipamentos vêm segregar ainda mais a população de baixa renda. Uma reportagem do jornal *A Tarde* de 22/08/1999 faz um relato pormenorizado sobre a adoção de praças e logradouros públicos por empresas privadas, através do Programa de Adoção de Praças, Áreas Verdes, Monumentos e Espaços Livres, da prefeitura municipal. Em 1999, foram aprovados sete projetos e oito estavam em andamento na capital baiana. Segundo o jornal, a população não precisa mais temer a descontinuidade política, pois as empresas ficam responsáveis pela manutenção dos benefícios, e para os empresários serve como um veículo de *marketing*. Uma análise da distribuição dos 15 projetos anteriormente citados confirma uma concentração das intervenções em áreas consideradas nobres, como a Praça Marconi (na Pituba), a Praça do Iguatemi, o Parque da Cidade (no Itaigara) ou a Avenida Antônio Carlos Magalhães. A prefeitura justifica com a escassez de recursos, que não permite que se atenda à demanda de obras e serviços que a comunidade reclama, a necessidade de unir esforços do Poder Público com a iniciativa privada e grupos sociais organizados, para a implantação, conservação e manutenção de praças, áreas verdes, monumentos e espaços livres da cidade.

Quando as classes populares privatizam os espaços públicos

O Conjunto Habitacional José Bonifácio, localizado no bairro de Itaquera, na periferia leste de São Paulo, com mais de 250 mil habitantes, equivale em dimensão e população a várias cidades médias do Brasil. Para seu assentamento, o relevo preexistente foi arrasado e, para isso, os movimentos de terra foram gigantescos. O conjunto é um exemplo clássico da política oficial nas últimas décadas do século XX, ditada por padrões estabelecidos pelo BNH e pelas companhias estaduais de habitação, que caracterizam um absoluto desprezo pela qualidade do projeto de arquitetura e urbanismo, com clara preferência por soluções uniformizadas (Bonduki, 1992).

Figura 10. Conjunto José Bonifácio, São Paulo.

O centro de Itaquera, fortemente impactado com a construção desses conjuntos, é, por seu lado, um exemplo típico de "tecido urbano tradicional", onde a morfologia é gerada pela utilização dos elementos de composição urbana que possuem forte interdependência, originando espaços que guardam relação com a cidade histórica, claramente baseados na formação de percursos, quarteirões, praças, largos etc. (Rigatti, 1995). No conjunto habitacional, a sensação é aquela de quem caminha num labirinto e isso se deve em grande parte à privatização de espaços considerados no projeto original como "públicos". Embora esses espaços já constassem no memorial descritivo de cada prédio, não era prevista a construção de muros. A situação atual resulta do fato de que os mutuários – em grande parte por pressão da própria prefeitura, no sentido de legalizar e regularizar as áreas condominiais – cercam o lote do prédio depois de quitarem o imóvel junto à Cohab. Sem os muros, o percentual de espaços livres (e públicos) sobre a área total subiria para 74,8%! Observa-se que as camadas menos favorecidas da população acabam assumindo o "ideal das elites": o prédio isolado no lote. A população dos conjuntos habitacionais recodifica e transforma seus espaços livres, seguindo os arquétipos das classes de renda mais alta, criando ao seu modo cercas, pátios, guaritas, jardins e estacionamentos (Macedo, 1995).

No Conjunto José Bonifácio, cercados os prédios de apartamentos, começa a disputa interna pela ocupação e apropriação do espaço privatizado. Ganha em regra quem grita mais alto nas assembleias dos condôminos. O que prevalece são os estacionamentos, com garagens e lojas de construção precária: ocupam 41% da área total. A percentagem de áreas ajardinadas e terrenos baldios nos espaços internos aos prédios é alta, cerca de 29%. Mas, nos prédios com menos espaço, a tendência é a redução e, em alguns casos mais radicais, a total eliminação das áreas ajardinadas no interior das edificações. Os terrenos baldios, "incorporados" aos prédios vizinhos e cercados, ou apresentam declividade muito alta e são abandonados pelos moradores, ou servem como varal de roupas coletivo. No centro do bairro, a situação atual mostra a maior parte dos terrenos baldios – que aparecem na planta de 1980 como espaços "abertos" – privatizados e cercados. As leis municipais de parcelamento do solo preveem multas altas para os donos dos terrenos não cercados.

Figuras 11 e 12. Estacionamentos no espaço público privatizado, Conjunto José Bonifácio, São Paulo.

Figuras 13 e 14. Lojas no espaço público privatizado,
Conjunto José Bonifácio, São Paulo.

Figuras 15 e 16. Terrenos baldios incorporados ao espaço
privativo dos prédios, Conjunto José Bonifácio, São Paulo.

Figuras 17 e 18. Terrenos baldios cercados
no centro de Itaquera, São Paulo.

A privatização dos espaços livres de uso coletivo é, no entanto, um problema que atinge as cidades como um todo, sem distinção de classes, como nos mostram as chamadas "invasões de colarinho branco", em Salvador. São condomínios que ocupam terrenos com *playgrounds* e áreas de lazer (de uso restrito aos moradores dos prédios), são escolas e faculdades particulares que levam seus muros alguns metros à frente para abrigar mais laboratórios e salas de aula (de uso restrito aos estudantes daquelas instituições). O outro lado da moeda mostra uma Salvador favelizada, sitiada por 357 assentamentos espontâneos, de acordo com um estudo da Conder – Companhia de Desenvolvimento da Região Metropolitana de Salvador.

Pesquisas desenvolvidas no âmbito das atividades do Projeto Espaço Livre de Pesquisa-Ação,[2] na Universidade Federal da Bahia, permitem apontar tendências comuns ao sistema de espaços públicos nos bairros de urbanização popular em Salvador, como:

- Formação e consolidação de centralidades intrabairro, que determinam uma hierarquia dos espaços livres de edificação existentes;
- Maior diversificação do comércio e dos serviços nas áreas consolidadas como centralidades, onde há também uma apropriação mais intensa e diversificada dos espaços livres de uso coletivo;
- Urbanização espontânea crescente dos espaços livres de edificação de uso coletivo, que tendem a desaparecer nas áreas mais segregadas (menos centrais), especialmente locais não consolidados como de uso público;

• Carência de áreas livres e de lazer, com a concentração dos usuários nas poucas áreas consolidadas como praças e largos nos centros de bairro.

A privatização de ruas e acessos restringe o movimento de passantes, canaliza percursos e provoca a desertificação de muitas áreas públicas nas periferias urbanas. Com o confinamento dos moradores nos prédios dos conjuntos habitacionais populares (onde eles existem), agrava-se a questão das drogas e aumenta a violência urbana; decreta-se (muitas vezes de modo irreversível) a morte dos espaços públicos. Nas ruas das áreas centrais, os pedestres cedem seu lugar nas calçadas aos automóveis e camelôs. Em uma cidade como Salvador, com ruas estreitas e tortuosas, parece não haver mais espaço para o passeio a pé. Quem se arrisca a fazê-lo deve disputar o asfalto com os carros, ambulantes e caminhões, que também transitam livremente pelo centro da cidade (não há horários específicos para carga e descarga).

Quando as manifestações culturais se mercantilizam também nos bairros populares

Em outra pesquisa, também realizada em Salvador em 2001, com Márcia Cordeiro, as manifestações artísticas e culturais de dois bairros populares – Plataforma e Ribeira – foram analisadas sob a ótica do conflito global/local, expresso, principalmente, na cooptação/folclorização dessas manifestações pelo *marketing* turístico. Trabalhou-se, na análise dos depoimentos dos moradores, com as noções de "aura" – unicidade da obra de arte, ou seja, sua "inserção no contexto da tradição", e de "reprodutibilidade técnica" – técnica de reprodução dos objetos artísticos e culturais.

Situado no Subúrbio Ferroviário, Plataforma é um dos bairros mais antigos dessa região. Os primeiros núcleos de indústria têxtil se estabeleceram na Bahia por volta de 1844 e, em Plataforma, em 1875. Também é do século XIX (1850) a instalação de ampla rede ferroviária no Brasil e em particular na Bahia, ligando Salvador ao interior e entrecortando Plataforma. Ao lado da estação ferroviária localiza-se o terminal hidroviário (desativado), antiga ligação do bairro com a Ribeira (Serpa; Garcia, 1999). Primitivamente, a Ribeira – expressão portuguesa que significa ancoradouro de reparação de naus – era uma colônia de pescadores e lugar de veraneio, muito distante do centro da cidade, cuja única via de acesso era o mar. Com a construção da basílica do Bonfim, a península de Itapagipe passou a receber romeiros de vários pontos da cidade, que passavam ali longas temporadas. O bairro da Ribeira está localizado a noroeste do município. A população do bairro é constituída em sua maioria por famílias com renda mensal de até três salários mínimos. O bairro caracterizou-se como industrial, a partir da implantação de diversas fábricas têxteis. Após o fechamento destas, intensificaram-se as funções residenciais e comerciais (Coelho; Serpa, 2001).

Entre as manifestações artísticas e culturais mais citadas pelos moradores entrevistados nos bairros estão as festas populares e a música. No caso das festas populares, pressupõe-se que já tiveram a sua "aura", já que estavam ligadas a um ritual religioso que antecedia as comemorações "profanas". Mas, com o passar do tempo, o "acontecer" dessas festas passou a ser marcado pela realização do lucro e pela possibilidade de diversão (fato particularmente marcante na Ribeira, um bairro com "vocação turística"), transformando, portanto, sua "aura" e sua autenticidade, que, segundo Benjamin, é a quintessência de tudo o que foi transmitido pela tradição.

Ao longo das décadas de 1980 e 1990 e nos dias atuais, a Festa da Ribeira apresentou sinais de decadência e auge. Mas, nos momentos de auge, o resgate de sua importância se deu através de uma outra manifestação cultural dominante na Bahia: o trio elétrico – a música de carnaval. A Festa da Ribeira, na sua origem, nunca foi palco para esse aparato tecnológico. É compreensível, nas falas dos moradores, que apenas três deles tenham citado a festa, sendo que o mais jovem foi o único que a relatou com entusiasmo. A festa se estendia ao bairro vizinho de Plataforma, mas à medida que este último foi sofrendo com o processo de expansão urbana (na direção da orla atlântica) e o consequente afastamento da cidade (no sentido da perda de importância como bairro antigo, que faz parte da história de Salvador), as festas populares foram deixando de acontecer nesse espaço. Outras, por falta de incentivo dos poderes públicos, acabaram por existir (e resistir) apenas na memória dos moradores. A Festa de São Brás (padroeiro do bairro) é o exemplo que melhor ilustra o isolamento e o esquecimento de Plataforma. Mesmo na época em que a tradição ainda era mais forte no bairro, a imprensa escrita não mencionava a lavagem de Plataforma entre as opções do circuito de festas populares da cidade.

Figura 19. Lavagem de Plataforma, Salvador, Bahia.

Figuras 20 e 21. Lavagem de Plataforma, Salvador, Bahia.

Com a música ocorre o mesmo, se pensarmos agora na questão da reprodutibilidade técnica. Os gêneros musicais mais executados nos dois bairros são também os mais reproduzidos no país. Se hoje se escuta mais pagode e *axé-music*,[3] os bairros tornam-se uma pequena parcela dessa realidade. Reproduzir esses gêneros musicais tornou-se relativamente fácil, a partir das novas técnicas e da força da mídia impressa e eletrônica. Restam, apenas, como outras possibilidades, gêneros musicais como o *reggae* e a MPB, ou ainda os corais de cunho religioso, que se manifestam, entretanto, em espaços muito restritos. A alteração dos referenciais culturais das áreas de urbanização popular, a partir da mercantilização de suas manifestações artísticas, transforma radicalmente os espaços públicos nos bairros populares, agora instrumentalizados pela lógica do capitalismo para multiplicar produção e consumo. Modifica-se também a paisagem urbana, a partir de ações de agentes externos aos bairros, por intensificação da atividade turística – Ribeira – ou por exclusão do circuito turístico – Plataforma (Cordeiro; Serpa, 2002).

Os resultados da pesquisa mostram ainda diferenças no interior dos bairros pesquisados, quanto à incorporação seletiva de algumas áreas pela atividade turística. Geralmente, a localização da infraestrutura também é diferenciada, privilegiando essas áreas, que coincidem muitas vezes com os núcleos históricos dos bairros, mais consolidados e com população com maior poder aquisitivo. Essa imagem "histórica", cooptada pelo *marketing* turístico, é "interiorizada" na percepção dos moradores, mesmo daqueles que não moram nas áreas com maior potencial turístico, que acabam por reproduzir uma "representação hegemônica", estilizada, dos bairros onde moram.

Espaços concebidos e implementados para um tipo específico de público?

Todos os exemplos analisados mostram que a crise da modernidade acontece nos domínios público e privado: a erosão do equilíbrio entre a vida pública e a vida privada destrói o pilar que sustentava a sociedade nos primórdios do capitalismo (Sennet, 1998). Caminhamos para a consagração do individualismo como modo de vida ideal, em detrimento de um coletivo cada vez mais decadente. Para que os conflitos sejam minimizados e para que se preserve uma certa "soberania" sob condições de proximidade física, fazemos questão de manter alguma distância psicológica, mesmo nas relações mais íntimas.

Nossas relações de vizinhança são condicionadas de uma forma determinante pela densidade populacional do local que habitamos, pelo nível econômico e pelo grau de cooperação dos seus habitantes, bem como pela distância entre as unidades de habitação (Keller, 1979). As relações de vizinhança na cidade contemporânea são ainda muito condicionadas pelas diferenças entre classes sociais. Nos bairros populares, a limitação de oportunidades, a pobreza e o isolamento relativos, a insegurança e o medo acabam por fortalecê-las e torná-las parte fundamental da trama de relações familiares. Nos bairros de classe média, as relações entre vizinhos são mais seletivas e pessoais, já que o maior poder aquisitivo faz diminuir a necessidade de ajuda mútua e aumentar a necessidade individual de espaço.

Sofrem as metrópoles contemporâneas, especialmente no Brasil, com a fragmentação do tecido sociopolítico espacial e a formação de enclaves territoriais no tecido urbano, sofisticando as formas de autossegregação dos habitantes. Esses enclaves formam, nos bairros com urbanização de *status*, circuitos exclusivos, cada vez mais restritos, de residências (condomínios), lazer (parques temáticos) e consumo (*shopping centers*), constituindo o processo que Souza (1999) denomina de "involução metropolitana". A lógica dos novos bairros de classe média baseia-se na acessibilidade (física) e na valorização da segurança. São as chamadas *edge cities*, que se originam em função de um entroncamento viário, ancoradas por um *shopping center* regional, ao qual acrescentam-se bancos, postos de gasolina e centros de serviços especializados (Del Rio, 1997). Na escala local ampliada, assiste-se a um evidente espraiamento da suburbanização; na escala nacional há sinais que apontam para uma desmetropolização relativa, uma "desconcentração centralizada" das metrópoles, com o crescimento das cidades médias.

Por outro lado, podemos falar também no desaparecimento da capacidade de assimilação e do uso público da razão, para pensar esta crise nos termos de Benjamin, Arendt e Habermas; aqui, o importante é observar a conversão de um público que outrora fizera uso cultural da razão, em um público consumidor de cultura. A publicidade comercial ultrapassa os limites do consumo de bens e passa a investir diretamente no campo político, dirigindo-se explicitamente à opinião pública, propondo sua "formação". As sensações, o divertimento e o espetáculo são, afinal, a essência dessa "assimilação consumidora", constituindo uma cultura que é, ao mesmo tempo, de massa e "personalizada", centrada sobre o imediatismo e a força da autoidentificação.

Em um contexto de declínio do engajamento cívico no espaço público contemporâneo, onde, nos termos de Isaac Joseph (1998) e Hannah Arendt (2000), a regra da indiferença civil e do conformismo comanda de uma maneira implícita os comportamentos e as relações, seria demasiado simplista reduzir a esfera pública às dimensões materiais dos espaços urbanos de acessibilidade generalizada. Ela não se restringe apenas aos espaços concretos de circulação e de repartição de fluxos, nem aos espaços materiais de consumo, de lazer e de diversão. É a esfera pública que nos reúne na companhia uns dos outros, mas é ela também que evita que colidamos uns com os outros. O difícil em ter de suportar a sociedade de massas não é tanto a quantidade de gente que ela abarca, mas o fato de que o mundo perdeu literalmente a força de juntar essa imensa quantidade de indivíduos, dialeticamente relacionando-os e separando-os, como o fazia em passado recente.

Para retomar os exemplos dos novos parques públicos, pode-se afirmar que as práticas urbanas que neles ocorrem inscrevem-se em um processo de "territorialização do espaço". Em verdade, os usuários privatizam o espaço público através da ereção de barreiras simbólicas, por vezes invisíveis. O espaço público transforma-se, portanto, em uma justaposição de espaços privatizados; ele não é partilhado, mas, sobretudo, dividido entre os diferentes grupos. Consequentemente, a acessibilidade não é mais generalizada, mas limitada e controlada simbolicamente. Falta interação entre esses territórios, percebidos (e utilizados) como uma maneira de neutralizar o "outro" em um espaço que é acessível a todos. Os usuários do espaço contribuem assim para a amplificação da esfera privada no espaço público, fazendo emergir uma sorte de estranhamento mútuo de territórios privados, expostos, no entanto, a uma visibilidade completa. Na cidade contemporânea, toda cultura da exposição pública é também uma cultura do desengajamento, pois o espaço público "neutraliza-se" do interior, através da percepção simultânea e constante das diferenças (Joseph, 1998).

Figura 22. Futebol no Parque de Bercy, Paris.

Figura 23. Apresentação de grupo de
percussão no Parque de La Villette, Paris.

A soma de processos de apropriação de um coletivo de indivíduos não é suficiente para legitimar a noção de espaço público. O parque público é um espaço aberto à população, acessível a todos, posto à disposição dos usuários, mas todas essas características não são suficientes para defini-lo como espaço público. Esse processo é, por um lado, o resultado de uma concepção (e da promoção) do parque público como cenário, destinado à fascinação dos futuros usuários, transformando-o em uma espécie de imagem publicitária das administrações locais, sem nenhuma continuidade com práticas sociais que pudessem dar-lhe algum conteúdo e significado (Arantes, 1998). Com a instauração e consolidação de um mercado da paisagem e do paisagismo, os novos parques são, hoje, mediadores da cultura oficial, nivelando as diferenças e fazendo emergir uma representação estática, teatralizada e simplificada da "Natureza" no contexto urbano.

Essas intervenções urbanas não são mudanças para atingir o futuro, mas para permanecer no passado. Sob essa ótica, a moda e os modismos são artifícios com os quais as coisas permanecem as mesmas, embora aparentando uma transformação. Milton Santos nos lembra um segundo caráter da moda: sua uniformidade. Segundo essa lógica, cada qual deve tornar-se semelhante aos outros. É preciso "fazer como todo mundo", pois se fazer notar é se excluir do meio social ao qual se pertence (Santos, 1993). Nesse contexto, o produto é quem ganha em poder e a existência não é vivida mais tanto para a consagração dos valores éticos e estéticos, mas para a busca das coisas, o produtor se tornando submisso ao objeto produzido.

No mundo contemporâneo, o Estado funciona de fato como uma gigantesca "administração caseira". Esse "lar coletivo" ganha significado e sentido através da concepção de coletividades políticas como famílias saídas do sombrio interior do lar para a luz da esfera pública, como defendido por Arendt. O domínio público deixa de ter uma conotação política para assumir um significado cada vez mais "social", interditando a possibilidade da ação. A sociedade atual impõe inúmeras e variadas regras a fim de normalizar seus membros, para abolir a ação espontânea e a reação inusitada, substituindo-as por tipos específicos de comportamento.

As relações de propriedade podem inviabilizar muitas vezes a apropriação social do espaço público no contexto urbano. O conceito lefebvriano de apropriação esclarece a propriedade, no limite, como não apropriação, como restrição à apropriação concreta. A apropriação inclui o afetivo, o imaginário, o sonho, o corpo e o prazer, que caracterizariam o homem como espontaneidade, como energia vital. Mas essa energia vital tende a recuar à proporção que cresce a artificialidade do mundo; ela é reelaborada do ponto de vista humano, porque, atualmente, as relações de propriedade invadem domínios cada vez mais amplos da existência, alcançando costumes e alterando-os (Seabra, 1996).

Todos os habitantes do espaço urbano têm seu sistema de significações em nível ecológico, expressão de suas passividades e de suas atividades. Já os arquitetos (paisagistas e urbanistas) parecem ter estabelecido e dogmatizado um conjunto de significações, elaboradas não a partir do percebido e do vivido pelos habitantes da cidade, mas a partir do fato de habitar, por eles interpretado. Esse conjunto de significações é verbal e discursivo, tendendo para a metalinguagem; é grafismo e visualização, que tende a se fechar sobre si mesmo, a se impor e a inviabilizar qualquer crítica ou questionamento (Lefebvre, 1991). Isso também acontece porque o cotidiano se concebe como estratégia do Estado dirigida às classes médias, suporte e produto desse mesmo Estado.

Trabalhando para as classes médias urbanas, o Estado parece produzir apenas objetos e imagens que são, na verdade, testemunhos da desintegração e da desorganização da cidade contemporânea. Como participante de parcerias entre o público e o privado, nos campos da arquitetura, do urbanismo e do paisagismo, o Estado coloca em ação estratégias urbanas que não conseguem ultrapassar os limites de sua própria sombra. Desse modo, são produzidos, apenas, lugares de expulsão e de extradição, de êxtase urbano: aqueles que vêm se aglomerar ali procuram antes de tudo um sentimento vazio de êxtase, um banquete espacial, uma greve cosmopolita, um lugar parasitário (Baudrillard, 1987).

Em um mundo onde a cultura transformou-se em lazer e diversão, existe uma distância mais social que física, separando os novos equipamentos públicos daqueles com baixo capital escolar, o que mostra que segregação espacial e segregação social nem sempre servem para designar a mesma coisa. Em Paris, a garantia de acessibilidade física aos novos parques públicos não assegura sua apropriação pelas classes populares e o problema da democratização do acesso não se resume a uma repartição espacial equitativa dos equipamentos que permitiria, em tese, chances de utilização equivalentes a todas as categorias sociais. Vemos que a aplicação dos conceitos/noções geográficos de distância e acessibilidade acaba por colocar em questão a esfera pública, o espaço público, na cidade contemporânea. Afinal, estamos diante de espaços verdadeiramente públicos ou de espaços concebidos e implementados para um tipo específico de público?

Notas

[1] Neste e nos próximos capítulos, muitas dessas referências foram traduzidas do original para o português pelo autor deste livro.

[2] O Projeto Espaço Livre de Pesquisa–Ação tem como objetivo principal a análise da situação de bairros populares de Salvador, tendo como premissa o planejamento de áreas carentes e periféricas, disponibilizando informações coletadas e sistematizadas junto às próprias comunidades e aos órgãos responsáveis por projetos de habitação popular e de planejamento urbano.

[3] Estilo musical hegemônico no carnaval de Salvador a partir da segunda metade da década de 1980, suporte principal das apresentações dos blocos de trio (Dias, 2002).

VALORIZAÇÃO IMOBILIÁRIA

O objetivo principal deste capítulo é o de demonstrar o papel central do parque público em operações recentes de revitalização/requalificação de bairros "em crise", assim como de áreas industriais e comerciais decadentes, buscando-se elucidar como os parques urbanos vêm servindo como instrumento de valorização fundiária, em Paris e Salvador.

Elaborado e concebido como equipamento urbano na escala da cidade e da aglomeração, o parque público concretiza-se, em geral, no contexto de um grande programa imobiliário. Os discursos oficiais colocam sempre em primeiro plano as virtudes encarnadas por esse tipo de equipamento sem, no entanto, excluir seu valor econômico, menos sedutor do ponto de vista ideológico, mas determinante para a realização desse tipo de operação urbana. Note-se que essas operações são acompanhadas de novos processos de especulação imobiliária nas cidades analisadas. Elas resultam da intervenção direta dos poderes públicos – em certos casos associados aos empreendedores locais – e produzem transformações profundas do perfil populacional e da funcionalidade dos bairros afetados.

O paisagista Gilles Clément, um dos criadores do Parque André-Citroën, em entrevista concedida no âmbito desta pesquisa (veja a íntegra da entrevista ao final deste capítulo), acha que a prefeitura de Paris, baseada em um discurso contraditório, conduz uma política estranha de requalificação do espaço urbano, "porque, por um lado, cria novos parques, que são realmente interessantes em termos de concepção, mas, por outro lado, expulsa para a periferia os antigos habitantes dos bairros onde esses parques são implantados. Essas pessoas não possuem renda para continuar em Paris, por isso são rejeitadas pela cidade". Para Clément, o discurso oficial é contraditório, porque defende a ideia de que o parque dará aos habitantes da cidade uma vida mais agradável, mas, na verdade, esses parques são, em grande parte, reservados a um tipo específico de público, que não inclui os menos favorecidos, em termos de renda e formação.

Nessa perspectiva, é conveniente se interrogar sobre o perfil socioeconômico das populações (antes e depois das operações urbanas e da implantação dos parques públicos), bem como sobre o tipo de atividades introduzidas, em suma, sobre a lógica econômica dessas operações de urbanismo (Com que objetivos? Valorização e diversificação do patrimônio construído?). Para encontrar respostas para essas questões, foram consultados estudos e pesquisas realizados por diferentes instituições: Apur – Ateliê Parisiense de Urbanismo, a Associação de Cartórios de Paris, a Conder – Companhia de Desenvolvimento Urbano do Estado da Bahia e a prefeitura municipal de Salvador. A análise dessas fontes documentais teve como objetivo evidenciar o mercado habitacional e sua evolução nas duas últimas décadas, assim como as relações existentes entre as políticas de renovação urbana, de construção de habitação social e de valorização do patrimônio construído.

Os resultados dessas análises levaram à formulação da hipótese seguinte: os novos parques públicos são elementos de valorização do espaço urbano que contribuem para um processo de substituição de população nas áreas requalificadas. Eles tornaram-se álibis para justificar grandes transformações físicas e sociais dos bairros afetados pelas operações de requalificação urbana. Álibis porque os parques públicos sempre representam e expressam valores éticos e estéticos, que ultrapassam largamente seus limites espaciais. Qualquer que seja a época, esses valores estão presentes no discurso oficial e nas políticas públicas aplicadas às cidades: higienismo, pacifismo, beleza estética. Essa reunião de valores reforça uma metáfora, ainda hoje pertinente, de que o parque público é um instrumento de integração social e espacial das cidades (Barthe, 1997). Trata-se de um discurso sobretudo promocional, veiculado pelos poderes públicos, mas também pelos promotores e incorporadores imobiliários. Os novos parques parecem ter sido concebidos como elementos centrais de operações urbanas para provocar voluntariamente uma implacável mecânica de substituição de população, funcionando como aceleradores das mudanças no perfil social dos bairros e cidades "requalificados".

A segregação de grandes parcelas da população reforça a ideia de que, no contexto urbano contemporâneo, o parque público é antes de tudo um espaço com alto valor patrimonial, contrariando o senso comum que idealiza esses equipamentos como bens coletivos e lugares da diversão, do entretenimento e da "Natureza socializada". Se é verdade que determinadas políticas provocam efeitos segregativos, seria necessário se interrogar o que inspira essas políticas, explicitando suas reais finalidades, de modo a evitar as consequências perversas da revalorização simbólica e social que são aceleradas pelas operações de renovação, "caçando" os antigos moradores em proveito das novas classes médias (Preteceille, 1997).

Em Paris, como em Salvador, vários grandes parques foram concebidos e implantados a partir do fim dos anos 1980. Esses projetos sugerem uma ligação clara entre "visibilidade" e espaço público. Eles comprovam também o gosto pelo gigantismo e pelo grande espetáculo em matéria de arquitetura e urbanismo (Choay, 1985). De uma forma deliberada, os novos parques públicos se abrem mais para o "mundo urbano exterior" e se inscrevem num contexto geral de "visibilidade completa" e espetacular. Por outro lado, os novos parques são projetados e implantados por arquitetos e paisagistas ligados às diferentes instâncias do poder local, que se tornaram verdadeiras "grifes" do mercado imobiliário.

De acordo com sua importância — simbólica e/ou econômica —, os projetos dos grandes parques inserem-se na lógica do mercado mundializado e dos concursos nacionais ou internacionais. Os candidatos possuem prestígio profissional proporcional ao tamanho do parque e à importância do projeto. Podemos resumir essa situação dizendo: para pequenos parques, candidatos locais; para grandes parques, candidatos de renome no país e no exterior. No Brasil, como na França, outros espaços públicos como as praças, largos e pequenos jardins escapam em geral a essa lógica — sobretudo econômica — segundo a qual os grandes parques tornaram-se imagens publicitárias dos poderes político e econômico. Praças, largos e pequenos jardins não interessam — sobretudo por suas pequenas dimensões — aos agentes imobiliários, já que eles não ajudam aos poderes em suas estratégias de representação. Não vale a pena mediatizá-los nas revistas especializadas ao redor do mundo; eles não oferecem a ocasião de organizar um concurso público de prestígio, nem de conceber novos modelos de "desenho urbano", como os grandes parques. Essa é a razão pela qual nós não os evocaremos aqui.

Em Salvador, os novos parques públicos inserem-se em um contexto de zonas residenciais de alto padrão, onde a paisagem construída resulta — graças aos modismos e à homogeneização dos materiais e das técnicas — em circuitos exclusivos que nada têm a ver com o contexto "natural" onde estão inseridos. Em Paris, os novos parques seguem como elementos de valorização do espaço urbano, de modo similar àqueles do Segundo Império. Eles não são concebidos apenas como "espaços verdes públicos", mas como elementos emblemáticos de operações de urbanismo, que substituem áreas de perfil operário e popular por novos bairros onde os escritórios e os complexos residenciais de alto padrão passam a dominar a paisagem (Debié, 1992).

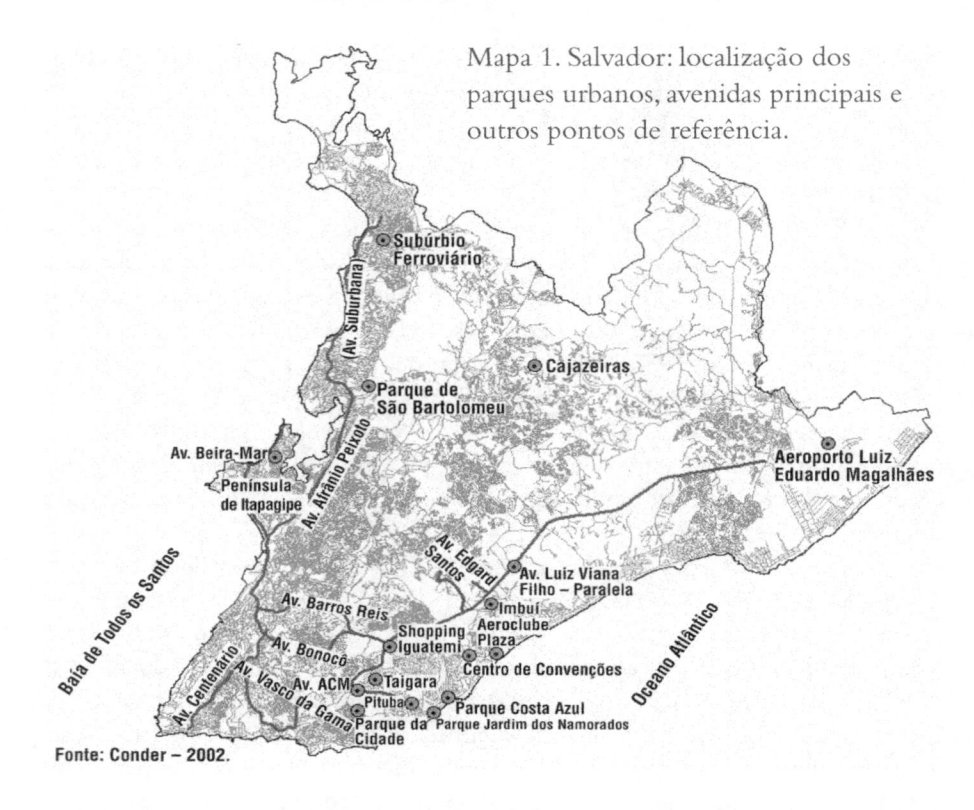

Mapa 1. Salvador: localização dos parques urbanos, avenidas principais e outros pontos de referência.

Fonte: Conder – 2002.

Mapa 2. Paris: localização dos novos parques urbanos, distritos e pontos de referência.

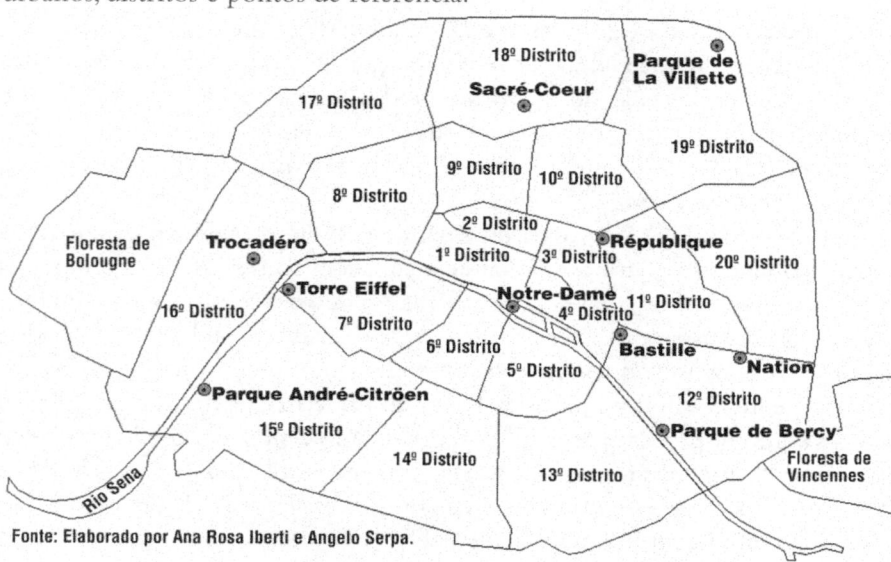

Fonte: Elaborado por Ana Rosa Iberti e Angelo Serpa.

Políticas públicas para a classe média

Não pretendo aqui voltar a questões já discutidas anteriormente, mas me parece importante reafirmar que, na cidade contemporânea, o parque público é um meio de controle social, sobretudo das novas classes médias, destino final das políticas públicas, que, em última instância, procuram multiplicar o consumo e valorizar o solo urbano nos locais onde são aplicadas.

Dois estudos realizados pelo Ateliê Parisiense de Urbanismo (Apur) em 1977[1] e 1980-1981[2] nos espaços verdes de Paris e de sua aglomeração apresentam resultados concordantes: entre os usuários desses espaços há uma predominância clara de profissionais liberais, bem como de trabalhadores qualificados e com nível elevado de estudos, em detrimento dos pequenos comerciantes, artesãos, operários e empregados com baixo nível de escolaridade. Nos parques públicos, os operários são duas vezes menos numerosos do que seria de esperar, visto sua forte representatividade nos bairros e municípios próximos aos espaços públicos pesquisados.

Isso demonstra finalmente que não podemos imaginar que uma cultura de frequentação dos parques será mais democrática quando os novos modelos tornarem-se mais conhecidos e "apreciados" pelas classes populares. A apropriação social dos parques públicos mobilizam códigos de conduta supostamente conhecidos de todos, mas são as classes médias que impõem aqui suas concepções e usos. As atividades culturais oferecidas aos usuários nestes espaços são na maior parte dos casos ignoradas pelas classes populares, cujas práticas – bailes, festas, competições esportivas, espetáculos de variedades etc. – situam-se fora do campo de práticas reconhecidas como "culturais" (Ballion; Amar; Grandjean, 1983). Essas práticas de cunho mais popular podem ser observadas em Parques situados em municípios periféricos da aglomeração parisiense (La Courneuve, por exemplo). No Brasil, as chances de acesso das classes populares aos novos parques públicos dependem, sobretudo, da oferta e da qualidade dos transportes coletivos e da distância a percorrer, em um contexto de numerosos bairros periféricos, mal servidos pelo sistema de trens e ônibus urbanos.

Eu também já abordei em outras ocasiões a preocupação – muitas vezes exclusiva – dos arquitetos e paisagistas com a forma e o desenho dos novos espaços públicos. Esses profissionais tendem a supervalorizar o aspecto pedagógico e midiático dos parques atuais, entendendo-os como "museus da Natureza", o que restringe para os usuários os modos de apropriação desses espaços. A observação mostra que, em geral, ao realizar esses projetos, os poderes públicos tiram proveito de imagens estandardizadas, enfatizando o valor de mercado dos novos equipamentos, para realçar e dar visibilidade às cidades e aos bairros requalificados. Definidos como lugares naturais modificados pela ação do homem para fins estéticos, os novos parques são hoje mediadores da "cultura oficial', hegemônica, nivelando as diferenças para deixar emergir uma representação congelada, folclorizada e simplificada da "Natureza" no contexto urbano.

Parque público como instrumento de valorização do solo urbano

As operações urbanísticas que deram origem a três grandes parques em Paris, nos anos 1990, obedecem a uma lógica comum de revalorização de áreas industriais e residenciais decadentes, transformando-as em imensos canteiros de obras denominados de "ZACs", grandes zonas de planejamento administradas por sociedades de economia mista, articulando a prefeitura ou o Estado francês ao capital privado (SEMAEST, em Bercy, SEMEA 15, em Javel-Citroën, e SEMAVIP, em La Villette). Introduzidas por uma lei de 1968, as ZACs constituíram-se desde então em um dos mais importantes dispositivos de operacionalização de grandes intervenções urbanas na França, evidenciando a interferência direta dos poderes públicos no mercado.

Em Bercy, uma área de 51 hectares foi reurbanizada, originando, além do parque de 13 hectares, 1.400 apartamentos, quatro hotéis, uma superfície de escritórios e comércio de 11 hectares, além de duas escolas, uma creche e ateliês para artistas. No bairro de Javel-Citroën (área total reurbanizada de 32 hectares), além do parque de 14 hectares, surgem 2.400 apartamentos, uma superfície de escritórios e comércio de 11 hectares, um hospital, duas escolas, um colégio, duas creches, um ginásio, duas salas de esporte, uma biblioteca e um clube para jovens, uma agência dos correios, ateliês para artistas, assim como um importante polo audiovisual que inclui as sedes da France Télévision, do Canal Plus e da Eutelsat. Em La Villette, numa área total de 26,7 hectares (ZAC "Bassin de La Villette", ZAC "Flandre Nord" e ZAC "Flandre Sud"), foram construídos 1.750 apartamentos, uma superfície de escritórios e comércio de 4,1 hectares, um hotel, uma biblioteca para jovens, duas escolas e uma creche. Nos setores "Villette Nord" e "Villette Sud", o Estado francês também construiu, além do parque de 15 hectares, 640 apartamentos, uma superfície de escritórios e comércio de 0,75 hectares, um hotel de 250 leitos e uma agência de correios.

Figura 1. Novos prédios residenciais em Bercy, Paris.

Figura 2. Novos prédios
residenciais em Bercy, Paris.

Figura 3. Novos prédios residenciais
no Setor Villette Nord, Paris.

Figura 4. Novos prédios residenciais
no Setor Villette Nord, Paris.

Figura 5. Novos prédios residenciais
no Setor Villette Sud, Paris.

Figura 6. Novos prédios residenciais n[...]
Setor Villette Sud, Paris.

Figura 7. Novos prédios residenciais e[...]
Javel-Citroën, Paris.

Figura 8. Novos prédios residenciais [...]
Javel-Citroën, Paris.

Figura 9. Polo audiovisual em
Javel-Citroën, Paris.

Figura 10. Polo audiovisual em Javel-Citroën, Paris.

De acordo com os dados da Associação de Cartórios de Paris, de junho de 2001 a junho de 2002, houve uma valorização do solo urbano em todos os bairros onde estas operações foram realizadas: de +8,7% em Bercy (situado no 12º distrito de Paris), de +6,7% em Javel-Citroën (no 15º distrito parisiense), de +12,5% em La Villette e de +15,4% em Pont de Flandre (ambos no 19º distrito). Com exceção de Javel-Citroën, a valorização do solo urbano nesses bairros foi superior à média parisiense, no mesmo período, de +7,2%. Em Bercy, assim como em La Villette e Pont de Flandres, a valorização do solo foi também maior que nos distritos onde estão localizados esses bairros (no 12º distrito, de +7,0%, e no 19º distrito, de +9,3%).

Trabalhando com os dados do censo de 1999 (do INSEE), o Ateliê Parisiense de Urbanismo elaborou uma carta cartográfica para Paris e sua região metropolitana, com a estrutura socioprofissional simplificada da população ativa. Analisando-se estes dados, pode-se afirmar que tanto no bairro de Bercy, como no bairro de Javel-Citroën, há uma predominância de profissionais liberais, administradores de empresas e trabalhadores com nível elevado de estudos. Isso é mais evidente em Javel-Citroën, onde este tipo de população corresponde a mais de 50% dos habitantes do bairro, enquanto, em Bercy, o percentual varia entre 40% e mais de 50%. A exceção fica por conta dos bairros de La Villette e Pont de Flandres, onde os operários e os trabalhadores com baixa qualificação ainda constituem de 40% a mais de 50% da população ativa residente nestes bairros. A persistência desse tipo de população em La Villette pode ser talvez explicada pelo relativo atraso das obras de reurbanização nesta área, com relação aos bairros de Bercy e Javel-Citroën.

Em Salvador, uma pesquisa de Brito (1997) mostra que o Subúrbio Ferroviário e Cajazeiras dividem o metro quadrado mais barato da cidade (Mapa 3), em contraste com os bairros centrais e aqueles localizados na orla atlântica, como Graça, Barra, Pituba, Itaigara, Caminho das Árvores, Jardim de Allah, Costa Azul, Patamares, Itapuã e Stella Maris, localizados nas Regiões

Administrativas Barra, RioVermelho, Boca do Rio e Itapuã. Como não há pesquisas sistemáticas e detalhadas do preço do metro quadrado na capital baiana, o autor acompanhou durante os anos de 1970, 1980, 1990 e 1996 a publicação de anúncios classificados de vendas de terrenos, casas e apartamentos em Salvador, no jornal *A Tarde*, para escrever sua dissertação de mestrado sobre a escassez de terrenos para construção na capital baiana (Brito, 1997).

Mapa 3. Salvador: valor médio dos terrenos em US$/m² por regiões administrativas (1996).

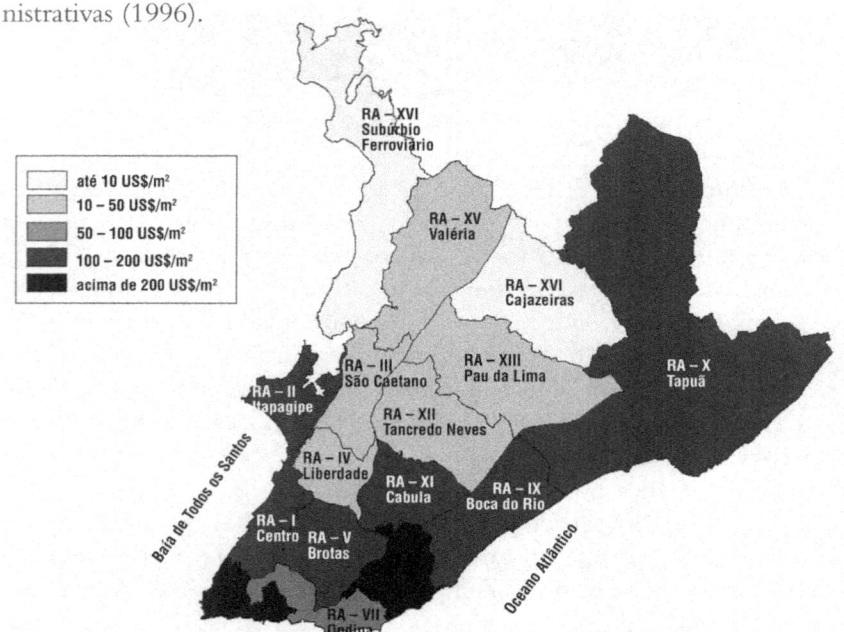

até 10 US$/m²
10 – 50 US$/m²
50 – 100 US$/m²
100 – 200 US$/m²
acima de 200 US$/m²

Fonte: Elaborado por Cristóvão Brito; com base em classificados do jornal A Tarde do ano de 1996. Reelaborado por Ana Rosa Iberti e Angelo Serpa.

A cidade, que cresceu de sul para norte, se desenvolveu inicialmente a partir da entrada da Baía de Todos os Santos ao longo de sua borda leste. A análise da dinâmica de expansão urbana permite individualizar dois vetores principais de crescimento. Um primeiro vetor, ao longo da BR-324, engloba uma mancha urbana de baixa renda, que pressiona os ambientes estuarinos da Baía de Todos os Santos. O segundo vetor se desenvolve ao longo da Avenida Paralela, englobando uma mancha urbana de renda média alta, compreendida entre esta via e a orla atlântica. Enquanto na orla atlântica investimentos em infraestrutura estão na ordem do dia, nas praias da Baía a situação é de abandono e degradação. Embora o Programa de Recuperação das Áreas Degradadas de Salvador e dos Parques Metropolitanos seja uma tentativa de repensar a cidade em termos urbanísticos, o que vem sendo priorizado pela Conder é a vocação turística da capital baiana, com a valorização de grandes parques, próximos à orla atlântica. O programa não atende, porém, áreas periféricas da cidade, onde o abandono das praças e parques é notório. O Parque de São Bartolomeu, por exemplo, que é uma importante reserva de mata atlântica e espaço sagrado para os praticantes do candomblé, localizado no Subúrbio Ferroviário de Salvador, encontra-se totalmente abandonado.

O discurso oficial defende a ideia de que os novos equipamentos têm fomentado um novo comportamento nas atividades de lazer dos baianos (até então restritas à praia). No entanto, poucos se beneficiam dos novos parques e praças. A população de baixa renda não dispõe de carro particular nem de transporte coletivo eficiente. Assim, os novos equipamentos – em geral distantes dos bairros periféricos – vêm segregar ainda mais os mais humildes.

Em Paris, alguns estudos mostram uma cidade que, se não segrega, pelo menos separa e imprime no espaço urbano uma marcada divisão entre distritos mais ricos e mais pobres. É o que Preteceille (2002) chama de um processo parcial de dualização do espaço. Comparando o preço dos imóveis nos diferentes distritos de Paris, Pinçon e Pinçon-Charlot (1989) concluem que o sétimo, o oitavo, o 16º e o sexto distritos, bem como a "banlieue" de Neully, são os lugares privilegiados pelos mais ricos, enquanto, do outro lado da moeda, o 18º, o 20º, o décimo e o 19º distritos concentram a população menos favorecida. Uma linha invisível "parte", portanto, a cidade em duas: o "oeste rico" e o "leste pobre". Segundo os mesmos autores, os apartamentos e casas dos "belos bairros" nos distritos mais ricos não são somente os mais caros (Mapa 4), mas também os maiores: há um paralelismo entre os preços e o tamanho dos imóveis. A densidade de população também é menor nos distritos mais ricos que nos distritos mais pobres: 119 e 165 habitantes por hectare no oitavo e sétimo distritos, contra 300 e 311 no décimo e no 18º distritos, por exemplo. Esse privilégio se exprime também através de uma maior qualidade ambiental nos distritos mais ricos da cidade: abundância de vegetação pela presença de jardins, qualidade arquitetônica dos imóveis e comércio de artigos de luxo, signos sociais que exprimem a qualidade social de um bairro e de seus habitantes.

A mistura de classes sociais nos diferentes bairros de Paris foi reduzida drasticamente com a requalificação urbana do barão Haussmann nos anos 1850-1860. Durante a primeira metade do século XIX, existia ainda certa heterogeneidade na repartição das casas e apartamentos. Depois das reformas de Haussmann, o objetivo era tornar os bairros unidades econômicas homogêneas. Quem investia na construção ou na renovação da cidade sabia exatamente onde colocar seus capitais, de acordo com uma racionalidade homogeneizante. Surge assim uma ecologia de bairros que corresponde a uma ecologia de classes sociais (Sennet, 1974). Os projetos e realizações de Haussmann levam, segundo Roncayolo (1989), a uma repartição desigual da infraestrutura urbana, ainda visível na paisagem atual. Os mapas confirmam uma estranha assimetria entre leste e oeste, que se opõem por seu perfil morfológico e seu conteúdo social e funcional (os "burgueses do oeste" *versus* os "selvagens do leste"). Para Roncayolo, a densidade e a intensidade diferenciadas das operações urbanas (construção de vias, praças, parques e edifícios públicos) de Haussmann vão agravar as diferenças no interior do território parisiense.

Mapa 4. Paris: preço do m² dos apartamentos usados, terceiro trimestre de 2004.

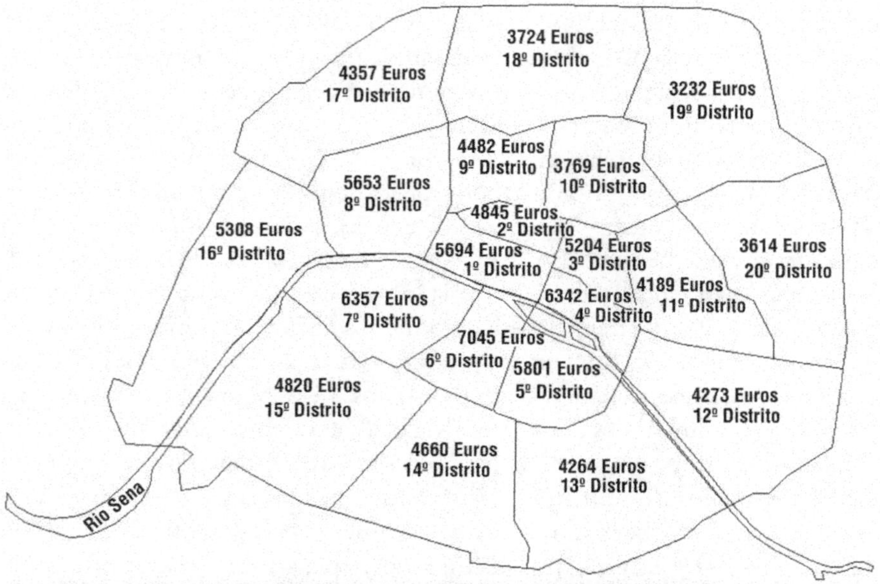

3724 Euros
18º Distrito

4357 Euros
17º Distrito

3232 Euros
19º Distrito

4482 Euros
9º Distrito

3769 Euros
10º Distrito

5653 Euros
8º Distrito

5308 Euros
16º Distrito

4845 Euros
2º Distrito

5694 Euros
1º Distrito

5204 Euros
3º Distrito

3614 Euros
20º Distrito

4189 Euros
11º Distrito

6357 Euros
7º Distrito

6342 Euros
4º Distrito

7045 Euros
6º Distrito

5801 Euros
5º Distrito

4820 Euros
15º Distrito

4273 Euros
12º Distrito

4660 Euros
14º Distrito

4264 Euros
13º Distrito

Rio Sena

Fonte: Chambre de Notaires de Paris (União dos Cartórios de Paris). Reelaborado por Ana Rosa Iberti e Angelo Serpa.

Na capital baiana, com a "reforma urbana" de 1967, acentua-se o processo de valorização fundiária dos bairros localizados na orla atlântica ou nas suas proximidades em detrimento daqueles situados na orla suburbana. Naquele ano, a prefeitura municipal, grande (e única) proprietária de terrenos localizados às margens da atual Avenida Paralela, vende barato seu patrimônio fundiário a (poucas) empreiteiras e construtoras fazendo "explodir" o preço do metro quadrado nessa área da cidade. Surgem novos bairros verticalizados como o Imbuí. Única via expressa de Salvador, a Avenida Paralela já representa, segundo corretores de imóveis, o novo polo de expansão residencial e comercial da cidade. Hoje, nada menos do que dez empreendimentos residenciais estão projetados em vários trechos da avenida, com cerca de mil unidades. Duas faculdades, acolhendo uma população de mais de quatro mil alunos, já foram implantadas e deverão dobrar esse contingente nos próximos dois anos. As margens da avenida começam agora a ser disputadas por revendas de automóveis. Bem projetada e com canteiros centrais que possibilitam ainda uma maior ampliação das pistas, a avenida corta áreas remanescentes de Mata Atlântica, o que aumenta seu valor imobiliário. Segundo algumas incorporadoras, o metro quadrado na Avenida Paralela já é o mais caro na cidade, considerando-se as dimensões de lotes que são oferecidos, geralmente numa dimensão não inferior a cinco campos de futebol.

Os novos parques da orla atlântica vêm, portanto, alimentar e "coroar" um processo de valorização imobiliária das áreas nobres da cidade, acrescentando novas amenidades físicas aos bairros que já possuem melhor infraestrutura de comércio e serviços, bem como vias expressas para circulação de veículos particulares. A lógica da localização dos parques em Salvador obedece também ao princípio de priorizar áreas com algum interesse turístico, próximas a grandes equipamentos como o Aeroporto Internacional, o Centro de Convenções e os *shopping centers* Iguatemi e Aeroclube Plaza (Mapa 1). Em Paris, os parques já nascem como elementos de valorização de bairros novos, que surgem em antigos terrenos industriais da capital francesa. Junto a eles, novos equipamentos culturais e de lazer são acrescentados ao tecido urbano, com o intuito de transformar áreas decadentes em polos de "lazer festivo" da cidade. Trata-se de ambientes em plena mutação, onde ao redor de um grande parque são implantados equipamentos culturais ao lado de imóveis comerciais e residenciais, resultando em novos bairros de *affaires* e com vocação de lazer, produtos de operações urbanas que buscam vantagens comparativas e atratividade para as áreas requalificadas.

Figura 11. Entorno do Jardim dos Namorados, Salvador, Bahia.

Figura 12. Entorno do Jardim dos Namorados, Salvador, Bahia.

Figura 13. Entorno do Parque Costa Azul, Salvador, Bahia.

Figura 14. Entorno do Parque Costa Azul, Salvador, Bahia.

Isso é evidente na concepção e implantação do novo bairro de Bercy – situado entre o Palácio de Esportes Paris-Bercy e o anel rodoviário que contorna a cidade –, que experimentou metamorfoses profundas em pouco mais de uma década. Bem servido pelo sistema de transporte coletivo, o bairro possui hoje um grande complexo de negócios de nove andares (Zeus-Paris-Bercy), com 234 mil metros quadrados de escritórios, de locais de atividades e de estacionamentos, além de um parque hoteleiro diversificado e um importante polo de lazer da cidade. Este último, conhecido como Bercy-Village, está instalado nos galpões e depósitos de vinho, construídos no início do século XIX e inscritos no inventário suplementar de monumentos históricos, antes de serem restaurados e transformados em restaurantes e lojas. No coração do bairro, situado no final da alameda pavimentada Cour Saint-Émilion, um dos maiores cinemas da capital francesa – o UGC Cine Cité Bercy – abriu suas portas em 1999, colocando à disposição do público 18 salas de exibição.

Figura 15. Bercy-Village, instalado nos antigos galpões e depósitos de vinho, construídos no início do século XIX.

O Parque de Bercy desempenha um papel chave no novo design *décor* do bairro, onde a implantação do espaço público representou a ideia forte e central das transformações urbanas que se deram ali. O parque permitiu o posicionamento dos diferentes programas e operações ao seu redor. Na extremidade norte, o Palácio de Esportes cria um elemento de atração; na extremidade sul, as atividades comerciais e de serviços formam um segundo polo de atratividade, capaz de criar uma "tensão" positiva com o Palácio. Entre as duas extremidades, foram dispostos os quarteirões de novos conjuntos habitacionais, beneficiando-se da vista sobre o parque. Uma relação de transparência foi estabelecida entre as fachadas dos prédios e o parque, garantida pela implantação de edifícios isolados, com terraços e balcões que fazem a transição entre massa construída e massa vegetada. Por fim, um grande terraço de 8 metros de altura e 14 metros de largura – aberto ao público, dia e noite, como as áreas gramadas – faz a ligação entre as extremidades norte e sul do bairro, tornando-se uma *"promenade-belvedere"*, margeando o rio Sena e os jardins (Rebois, 1994; Martin, 1996).

A concepção e implantação dos Parques André-Citroën e Bercy apresentam muitos pontos em comum. Originados das decisões do Conselho de Paris, no início dos anos 1970, deveriam contribuir para a criação de novos bairros, com funções residenciais, comerciais e de serviços, no lugar de antigos terrenos industriais ou de depósitos/entrepostos, próximos dos limites da cidade: as fábricas Citroën e os depósitos de vinho de Bercy e, nos dois casos, os terrenos contíguos da rede ferroviária. Eles também deveriam constituir-se em equipamentos para a toda a aglomeração parisiense, oferecendo aos bairros vizinhos espaços atrativos de lazer e recreação, assim como uma nova identidade que contribuísse para sua valorização (Starkman, 1993).

Em Javel-Citroën, como em Bercy, parque e bairro estão perfeitamente articulados, o que demonstra um desejo claro de "simbiose" entre os ambientes vegetados e construídos, através da ausência de grades e muros em quase todos os imóveis residenciais e comerciais; não há ruptura visual entre as árvores do parque e as ruas do bairro (Rueff, 1993). Um dos objetivos principais da operação urbanística era justamente o de obter esta permeabilidade visual, graças à prescrição de abertura da massa construída sobre os espaços plantados do parque; o de promover uma unidade na composição plástica das fachadas fronteiriças ao parque, insistindo sobre um tratamento arquitetônico do conjunto a partir do parque e irradiando por toda a periferia do bairro. As "vilas" desenhadas por Roland Simounet exprimem esse desejo de abertura sobre o parque, fazendo dialogar os edifícios com os jardins seriais de Gilles Clément. Jardins temáticos e seis pequenas estufas estão instalados ao redor do gramado central. Ao norte, o Jardim em Movimento, ao sul, o Jardim Negro e o Jardim Branco, e na direção nordeste, os seis jardins "seriais" de Clément: o Jardim Azul, o Jardim Verde, o Jardim Laranja, o Jardim Vermelho, o Jardim Dourado e o Jardim Prateado. A cada vila privada corresponde uma pequena estufa do jardim serial; reciprocamente, cada fachada se projeta entre duas estufas, sobre o jardim serial respectivo, para o qual ela funciona como o fundo da cena (Milliex, 1993).

Parque público, discurso oficial e política habitacional

As características positivas do parque público são sempre evidenciadas nos discursos oficiais. Ressaltam-se as vantagens da implantação desses equipamentos para o conjunto dos habitantes das cidades, assim como a melhoria da qualidade de vida para as gerações futuras, garantida pela criação dos novos parques. Falando sobre a política da Prefeitura de Paris "em favor dos espaços verdes", Jacqueline

Nebout (encarregada de assuntos relacionados ao meio ambiente, parques, jardins e espaços verdes da prefeitura de Paris, presidente do júri dos concursos públicos para implantação dos Parques de Bercy e André-Citroën) resume a política municipal nesse campo em três palavras-chave: preservar, enriquecer e animar. Preservar, já que a cidade de Paris, mais que qualquer outra, com seus parques haussmanianos, é responsável por um patrimônio de jardins "que convém preservar com respeito, amor e cuidados especiais, para a alegria, o prazer e no interesse das gerações futuras". Enriquecer, porque as populações urbanas reivindicarão, "mais do que nunca", uma melhoria quantitativa e qualitativa do ambiente urbano. E finalmente animar, pois os parques e jardins de nossas aglomerações devem ser também lugar de diversão para os cidadãos (Nebout, 1986).

No entanto, uma análise mais aprofundada, confrontando as políticas de implantação de grandes parques públicos e a política habitacional aplicada em Paris e Salvador, mostra uma oposição manifesta entre o discurso e a prática dos poderes públicos nas duas metrópoles. Como observa Preteceille (1997), é a existência de um parque residencial de caráter social que oferece àquela população, constituída de operários e empregados de baixa renda, a possibilidade de fixar residência nas zonas mais centrais da aglomeração. Mas, em geral, a distribuição espacial das habitações sociais segue largamente as grandes tendências da segregação espacial. A análise da repartição espacial das habitações de caráter social suscita, portanto, novas questões ligadas aos aspectos econômicos das operações de revitalização/requalificação que originaram os novos parques públicos: as reestruturações econômicas no contexto urbano produzem transformações importantes do uso social do espaço e podem também contribuir para mudar seu conteúdo social.

Com 190 mil unidades habitacionais de um total de 1,3 milhão, o parque residencial de caráter social (unidades "HLM", com aluguéis subsidiados com recursos públicos, em que o aluguel médio é 40% inferior àquele de um imóvel equivalente, ao preço do mercado) em Paris representa 15% do total de habitações na cidade. Mas seu peso na construção de novas residências nos últimos anos é muito maior, já que ele constitui cerca de 30% do patrimônio construído depois da Segunda Guerra Mundial. Porém, a distribuição dessas "habitações sociais" é muito desigual nos distritos parisienses: inexistem no sétimo e no oitavo e representam uma em cada três unidades habitacionais no 12º e no 13º distritos. Elas também estão concentradas na mão de poucos proprietários, três sociedades de economia mista com a participação da prefeitura de Paris, que detêm 71% do patrimônio construído. Se, antes da Segunda Guerra, Paris concentrava a maior parte da construção social, hoje isso se tornou um *affaire* da periferia, isto é, dos municípios que compõem a região metropolitana parisiense. Em 1950, a cidade concentrava 60% do parque residencial de caráter social, hoje esse percentual é de menos de 18%! Partindo dessas constatações, Lacoste (2000) afirma que o desenvolvimento do parque residencial "HLM" tornou-se um assunto da periferia, nos limites do município em um primeiro momento e, depois, nos municípios periféricos da aglomeração.

O Escritório Público do Parque Residencial "HLM", totalmente regido pela Prefeitura de Paris, administrava, em 1982, 2.517 unidades habitacionais em Hauts-de-Seine, 4.369 em Seine-Saint-Denis e 4.443 em Val-de-Marne. A Direção Imobiliária da Cidade de Paris, um organismo de economia mista onde a prefeitura de Paris controla 37% do capital, geria, naquele mesmo ano, 1.035 apartamentos em Seine-Saint-Denis, 1.542 em Val-de-Marne, 807 em Essonne, e 224 em Hauts-de-Seine. Finalmente, a Sociedade Anônima de Gestão Imobiliária, na qual a prefeitura de Paris detém 40% do capital, administrava 835 apartamentos em Villeneuve-Saint-Georges, 391 em Saint-Denis, 288 em Sevran, e 1447 em Créteil (Mapa 5).

Assim, o processo de renovação de bairros populares como a Goutte d'Or[3] e Belleville ou a construção de novos bairros como Javel-Citroën e Bercy acabam por expulsar parte de seus antigos habitantes, tornando os municípios da região metropolitana verdadeiros receptáculos da população mais pobre do município-sede, como constatado por Belmessous (2000). O insignificante número de habitações sociais construídos em Paris nos últimos anos, ante a demanda sempre crescente por esse tipo de habitação, torna proibitivo para os menos favorecidos a permanência na cidade.[4] Uma análise do percentual de habitações sociais (PLA) – em relação ao total do patrimônio construído – nas zonas de planejamento (ZACs), onde foram implantados os parques públicos aqui analisados, confirmam essa tese: em Bercy, 45%, em Javel-Citroën, 32%, no Bassin de La Villette, 36%, e no setor Villette Sud, 34%.

Mapa 5. Aglomeração parisiense: percentual de parque residencial de habitação social.

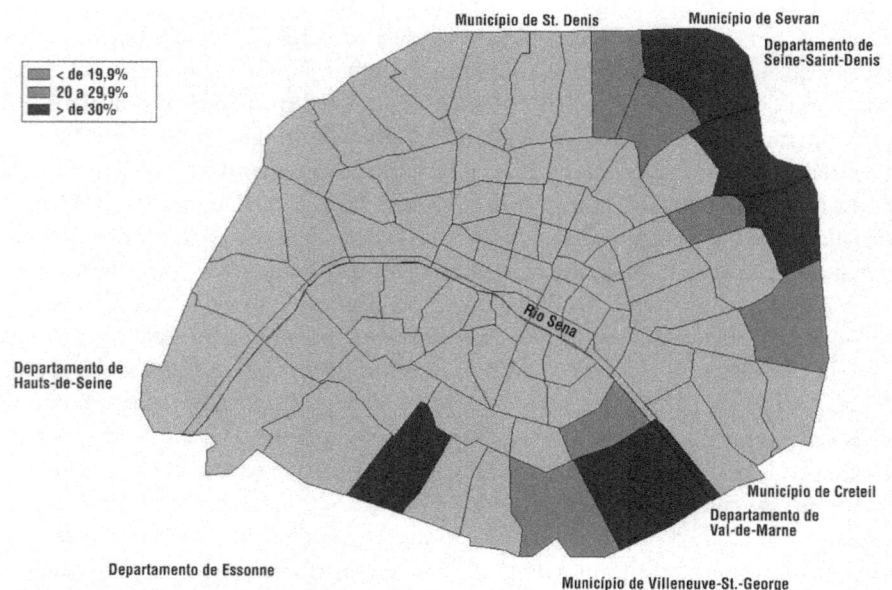

Fonte: Lacoste, Gérard (2000) – Le devenir du logement social, Urbanisme, n. 310, p. 76-79. Reelaborado por Ana Rosa Iberti e Angelo Serpa.

Em Salvador, o principal objetivo do Projeto Cajazeiras – constituído de cooperativas habitacionais populares, geridas atualmente pela Conder e implantadas ao longo dos anos 1970-1980 na periferia da cidade pela Urbis (Habitação e Urbanização da Bahia S/A (em liquidação)) – era instituir um subcentro regional (de equipamentos, comércio e serviços) que contribuísse de forma a evitar a hipertrofia da área central. Nesse sentido, pode-se afirmar que seu principal papel era o de abrigar uma numerosa população de baixa renda distribuída em nove bairros, bem como distribuir as atividades de comércio e serviços, como forma de fixar essa mesma população no local. Os conjuntos habitacionais foram construídos em quatro etapas: Cajazeiras IV (641 unidades) e V (1.001 unidades), em 1978; Cajazeiras VII (708 unidades), em 1979; Cajazeiras VI (1.254 unidades), VIII (1.476 unidades), X (1.775 unidades) e XI (2.400 unidades), em 1983; e Cajazeiras III (605 unidades), em 1985. Os conjuntos habitacionais populares de Cajazeiras equivalem, em dimensão e população, a muitos bairros tradicionais da cidade, mas apresentam características bem diferentes quanto ao desenho urbano (malha ortogonal, construções padronizadas etc.). Em comum com os bairros populares tradicionais da cidade esses conjuntos possuem a topografia acidentada, o isolamento do centro da cidade, a forte descontinuidade entre os diferentes setores, bem como a ausência de amenidades físicas, como parques públicos, praças e arborização urbana.

Figura 16. Cajazeiras, Salvador.

Até meados da década de 1970, Salvador abrangia um território equivalente a 30% da área continental do município. Com a implantação dos parques industriais e das grandes avenidas, a malha urbana é ampliada em mais de três vezes. A intensidade desse crescimento favoreceu a descentralização das atividades e a predominância dos processos informais de criação do espaço urbano. Em 1995, um estudo elaborado pela Conder (2002) com base em dados do IBGE indicava os seguintes números para o déficit quantitativo de novas moradias no estado da Bahia: 108.165 na Região Metropolitana de Salvador, 180.999 nas demais áreas urbanas e 209.374 na área rural. O mesmo estudo indicava no estado a existência de 527.058 domicílios carentes de infraestrutura, 251.385 com infraestrutura inadequada e mais 176.328 domicílios com adensamento excessivo ou uso de materiais precários na construção. O perfil do déficit habitacional no estado da Bahia indicava a concentração nas famílias com renda até dois salários mínimos que correspondem a 70,90% do déficit. A partir de 1995, o Programa Viver Melhor vem ao encontro desse déficit, levando melhorias habitacionais a bairros periféricos e carentes, com a construção, em alguns casos, de novas unidades habitacionais. A lógica do programa, no entanto, permanece fiel à ideia de fixar a população de baixa renda em áreas sem amenidades físicas e distantes das áreas centrais e turísticas da cidade (Mapa 6).

Mapa 6. Salvador: localização das intervenções do programa Viver Melhor.

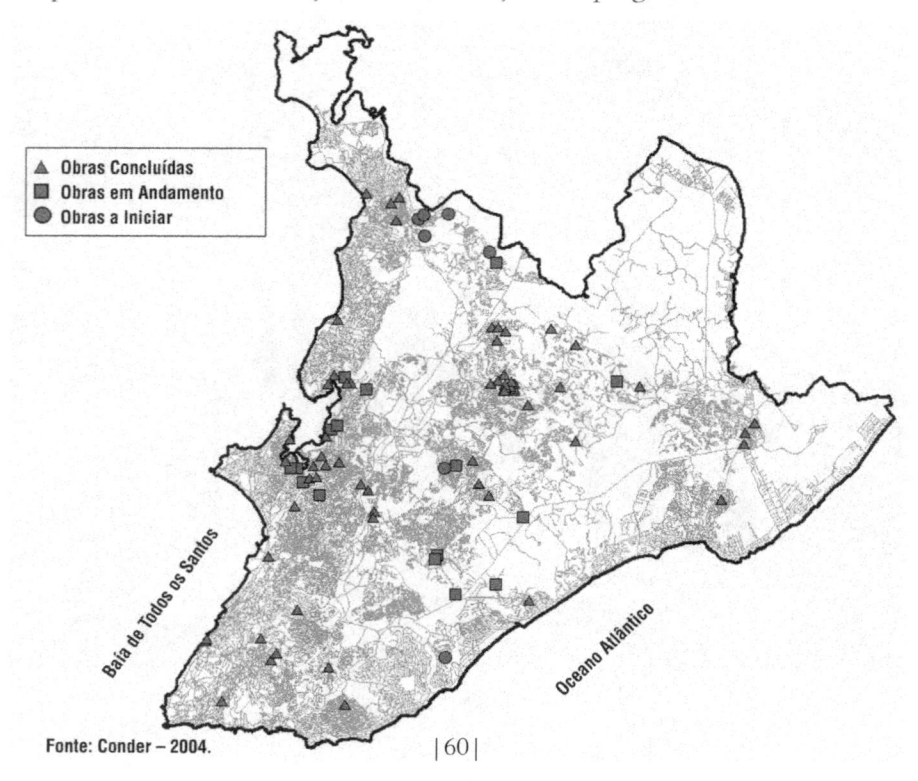

Fonte: Conder – 2004.

Parque público como "objeto de consumo"

Os exemplos analisados neste capítulo mostram que o espaço público, o parque público, transformou-se em um "objeto de consumo", em expressão de modismos, vendidos pelas administrações locais e por seus parceiros empresários como o "coroamento" de estratégias (segregacionistas) de requalificação urbana. A forma urbana é promovida aqui por imagens que satisfazem as comunidades profissionais de arquitetos e paisagistas, bem como os contratantes dos projetos. Esses profissionais são obrigados a se fazer compreender por membros de um júri, seduzi-los através de imagens de acesso fácil e imediato. Com a difusão quase instantânea, pelas revistas técnicas, dessas imagens, a arquitetura e o paisagismo transformam-se em fenômenos da moda, com seus ciclos curtos de alguns anos e seus pequenos grupos de pressão profissional formando uma rede internacional (Choay, 1988).

Em Paris, o objetivo maior dessas operações revela-se também através dos imóveis construídos ao redor dos novos parques, assinados e realizados por arquitetos de renome. Eles constituem – como em torno do Parque André-Citroën – um conjunto arquitetônico ao mesmo tempo diverso e coerente, considerado de excelente qualidade (SEMEA XV, 1998). Em Bercy, próximo ao parque, Gérard Depardieu e Caroline Bouquet desejam adquirir uma superfície comercial em um desses imóveis para abrir um restaurante. A construção do equipamento deslanchou uma grande polêmica entre os moradores do bairro, que reivindicam, no lugar do restaurante, a construção de uma escola e de equipamentos públicos. A decisão de vender esse lote a promotores imobiliários, tomada pelo antigo prefeito do 12º distrito parisiense, é o principal estopim da polêmica; um pouco tardia, é verdade, já que os reclames anunciando a venda do imóvel já se encontram no local: "aqui, a Sorif está construindo lojas e 113 apartamentos de alto padrão. Uma operação de prestígio, em um lugar excepcional" (Jourdain, 2003).

Lutar pela anulação da construção de apartamentos de alto padrão em um terreno originariamente destinado à instalação de uma escola e de equipamentos públicos não parece novidade no contexto das metrópoles contemporâneas. Mas a disputa entre as associações de moradores de Bercy e os promotores imobiliários nos incita a ir mais longe na reflexão: essas mesmas associações teriam se manifestado contrariamente à implantação de um parque público? Repetidas vezes, escrevendo este capítulo, me perguntei quem poderia ser contra a construção de um parque público, se tal questionamento seria incongruente ante o enorme poder de persuasão das representações da natureza no contexto urbano. Podemos ser contra a natureza? Contra o patrimônio "verde" de uma cidade? Será que devemos "desconfiar do verde", como propõe Berque (1997), ao observar o aumento das preocupações relativas à ecologia e à paisagem nas nossas sociedades?

A natureza enquanto representação social pode ser encontrada, sobretudo, nos conteúdos dos capítulos "verdes" dos documentos de urbanismo, que parecem de fato ações bastante incoerentes, aliás, para domesticar o corpo social urbano, através de uma reeducação quase ética, associada à remodelagem das formas urbanas. Como a natureza na cidade, o parque público no contexto urbano é uma não escolha, imposta de cima para baixo para o bem de todos os habitantes. Manipula-se a forma urbana para curar a sociedade da cidade ruim, mal acabada, desnaturada (Calenge, 1997). Se, de um lado, os discursos oficiais evidenciam sempre as virtudes dos parques urbanos, de outro, e apesar de suas virtudes, estratégias de valorização do solo urbano e de representação política escondem-se por trás de sua concepção.

Entretanto, os exemplos analisados até aqui não permitem ainda o estabelecimento de relações definitivas de causalidade ou de concomitância entre a concepção e implantação dos novos parques urbanos e o processo de substituição de população nas áreas requalificadas. Para aqueles que se perguntam o que poderia tomar o lugar dos parques públicos nessas operações urbanas, estaria inclinado a responder que não são os parques o verdadeiro problema, mas sim os discursos e as políticas urbanas que estão na origem desses projetos.

A análise das operações de requalificação empreendida ao longo deste capítulo mostra a vontade expressa de representação dos poderes públicos junto aos habitantes das grandes cidades e de valorização do patrimônio construído nos bairros renovados. Assisti-se, sem dúvida, a uma inversão da cidade e dos seus modos de funcionamento, de que fala Augustin (1998), à passagem de uma cidade da produção para uma cidade do consumo. Essas mutações concernem também às atividades culturais e aos espaços públicos, que se tornam lugares do espetáculo para o cidadão ou o visitante de passagem, revestindo a cidade de um *élan* festivo. Intervenções cada vez mais pontuais restringem-se a produzir cenários, destinados à fascinação dos futuros usuários, transformando os novos parques urbanos em imagens publicitárias das administrações locais, sem nenhuma continuidade com práticas sociais que pudessem dar-lhes algum conteúdo ou significado (Arantes, 1998). E os efeitos perversos resultantes de certas políticas urbanas estão ficando cada vez mais difíceis de esconder.

Leia a seguir os trechos principais da entrevista de Gilles Clément:

Qual o papel e que funções deve desempenhar o espaço público na cidade contemporânea?

Eu só posso falar a partir da minha experiência prática. Eu não me considero um "teórico" do espaço público. Eu penso que atualmente há duas formas possíveis para que o espaço público possa existir. A primeira, a partir da evolução progressiva do tecido urbano, que cria "brechas" para a implantação de um parque, uma praça, um jardim, qualquer coisa de não construído, em lugares onde antes havia fábricas ou edifícios. No caso de bairros muito densos, esses espaços cumprem uma determinada função, por razões de proporção de metro quadrado de áreas verdes por habitante, por exemplo. E a cidade aproveita a oportunidade para criar ali um parque. É o caso do Parque André-Citroën, implantado em um bairro totalmente construído, de perfil industrial. Alguns edifícios e os prédios das fábricas foram demolidos, dando oportunidade para a construção de um parque de 14 hectares. Nesse caso, é a "subtração" de edifícios do espaço urbano que vai dar origem a um parque. Mas há jardins e parques na história de Paris e de outras cidades que determinaram o surgimento de um outro tipo de urbanismo, como no caso do Jardin de Tulleries. Quando Le Notre concebeu e implantou esse parque, ele abriu uma nova perspectiva sobre os Champs-Élysées, ele foi o precursor de uma nova espécie de urbanismo, baseado em perspectivas axiais.

Por que um parque ? O senhor vê semelhanças da política atual com a implantação de parques pela ação de Haussmann, no século XIX? Eram também operações baseadas na subtração?

Evidente. Nessa época, o discurso político de Haussmann e Alphand era de cunho higienista. A ida a um parque estava associada a questões de saúde, ia-se a um espaço assim para respirar o bom ar dos jardins. Por isso, houve uma multiplicação de parques e pequenas praças na Paris do século XIX. Hoje, a política de implantação de espaços vegetados da prefeitura de Paris não é muito diferente disso. Não é exatamente o discurso higienista do século XIX, hoje o discurso é frio e matemático, enfatiza uma quantidade mínima de metros quadrados de áreas verdes por habitante. Mas essa política é estranha, porque, por um lado, cria novos parques, que são realmente interessantes em termos de concepção, mas, por outro lado, expulsa para a periferia os antigos habitantes dos bairros onde esses parques são implantados. Essas pessoas não possuem renda para continuar em Paris, por isso são rejeitadas pela cidade. O discurso oficial é contraditório, porque defende a ideia de que o parque dará aos habitantes da cidade uma vida mais agradável, mas, na verdade, esses parques são, na sua maior parte, reservados a um tipo específico de público, que não inclui os menos favorecidos, em termos de renda e formação.

O senhor concorda que esses parques deveriam atender toda a população da aglomeração parisiense?

Sim, pois são parques suficientemente grandes. O Parque André-Citroën é o menor dos três recentemente implantados, mas grande o suficiente para atingir um público maior. Portanto é correto supor que além dos habitantes dos bairros próximos, pessoas de bairros mais distantes também utilizem o parque. Há também aqueles que vêm até de outras cidades e países. Simplesmente porque o parque tornou-se conhecido. Sem falar em um público específico de escolas, um pouco menos atualmente, mas logo depois da inauguração do parque havia muitos alunos de escolas.

Pesquisando *in loco* os usos do parque, eu descobri que ele funciona também como lugar de encontro para praticantes de capoeira...

Isso é muito bom, algo inteiramente imprevisível. Quando concebemos um espaço público desse gênero, nós não sabemos o que vai acontecer. Há a expectativa que ele favoreça diferentes usos, mas não sabemos exatamente quais. Por que a prática de capoeira no parque? Talvez por causa do grande gramado central. Eu me lembro de ter visto pessoas ensaiando peças de teatro nos jardins, outros que tocavam percussão perto dos bambus do Jardim do Movimento. Há espaços fechados, outros abertos, que permitem uma gama variada de usos possíveis.

Figuras 17 e 18. Capoeira no Parque André-Citroën, Paris.

A frequentação intensa prejudica/prejudicou a evolução do Jardim do Movimento?

Digamos que nós não previmos a quantidade de pessoas que vieram conhecer os jardins nos primeiros dias de funcionamento do parque, entre 10 e 11 mil pessoas no primeiro final de semana, segundo a Prefeitura de Paris. Foi uma coisa imprevista, isso demonstrou a fragilidade de alguns espaços, mas não houve vandalismo nem degradações importantes.

Ao contrário do Parque de La Villette, onde isso ocorre...

Porque é um parque que abre à noite, o que amplia a quantidade de usuários e complica a fiscalização.

O senhor é contrário à possibilidade de utilizar um parque como o André-Citroën também no período noturno?

É uma pena a restrição de horário, mas, por outro lado, é uma forma de melhor proteger os jardins. O Parque André-Citroën apresenta espaços muito frágeis e sofisticados em termos de diversidade vegetal e concepção. Um parque assim pode tornar-se ponto de venda de drogas no período noturno, por exemplo. No Parque de La Villette há um sistema de segurança que funciona bem, mas é dispendioso.

Um lugar acessível a todos, em qualquer horário, não deveria ser uma das características principais de um espaço público?

Eu não posso responder se não for a partir da minha experiência. Ora, eu sou antes de tudo um latino, antes de qualquer coisa favorável à Ágora, antes de tudo interessado na observação e no olhar sem velocidade do caminhar a pé. Eu não entendo o espaço desenhado para o automóvel, para os estacionamentos... Para mim, o espaço público utilizável é aquele que pode ser usado na escala humana, um pouco como o espaço romano. Portanto, ele não é absolutamente compatível com a vida que levamos atualmente. Hoje condenamos ao isolamento bairros inteiros para estabelecer novas áreas de pedestres, mais isso acaba complicando ainda mais as coisas, pois não podemos segregar um bairro dessa forma. Eu penso que um espaço desenhado para os automóveis não é utilizável. Na maior parte do tempo isso vem acompanhado de passarelas e de passagens subterrâneas para que se possa atravessar as vias rápidas, cada vez mais numerosas. Não há calçadas ou, quando elas existem, são muito estreitas. Andar a pé tornou-se algo perigoso. Na maior parte dos casos, aquilo que chamamos de espaço público não pode ser chamado assim. São espaços mecânicos, feitos para robôs e máquinas, não para os seres humanos. Vamos para um espaço público para se sentar tranquilamente, para ver e ser visto, para encontrar pessoas. Não se pode encontrar alguém se sua vida é posta em risco...

O senhor afirmou uma vez que todos os jardins são políticos...

Os jardins são políticos na medida em que eles são uma expressão acabada do pensamento vigente em uma época específica. Falo dos jardins históricos, dos jardins importantes sob esse ponto de vista. Talvez eu tenha ido um pouco longe demais dizendo que todos os jardins são políticos. Os jardins importantes são políticos, mas isso é também resultado de uma política que exprime o pensamento filosófico, as crenças de um determinado momento histórico. Ao mesmo tempo, eles resultam também de um modo de gestão, de uma ideia de poder. Não necessariamente uma visão de poder como em Versalhes. Hoje, com a ecologia, o homem percebe-se como parte integrante da natureza. Atualmente, aliás, não há outro pensamento político importante que rivalize com a ecologia. Às vezes o pensamento ecológico constitui-se, no entanto, em uma utopia, não é aplicável, portanto não se constitui em uma visão política. A ecologia não é necessariamente realista, mas hoje não podemos fazer um projeto sem considerá-la, sem sonhar, sem refletir. Somos obrigados a projetar pensando num processo de gestão sustentável no tempo...

A ação política deve estar aberta à ecologia?

Sim, certamente. Hoje, a ação política é forçosamente marcada pela ecologia. Mas a ecologia foi muito mal utilizada em ações equivocadas, ela foi muitas vezes mal utilizada pelos políticos. Atualmente, não é muito interessante declarar-se "verde", declarar-se "ecologista"...

O senhor acha que os usuários podem compreender as mensagens vinculadas nos jardins seriais e no Jardim do Movimento?

De modo algum! Não nesse momento, mas isso não é grave! Existe muito conteúdo, muitas mensagens, é muito complexo... Isso me ajuda a conceber e a criar esses espaços. Por outro lado, eu estou convencido de que as pessoas têm interesse nisso, mesmo que elas não compreendam a mensagem. O usuário sente que existe ali alguma coisa que foi construída intelectualmente, mesmo que não saiba ao certo o quê. E eu penso que não é forçosamente necessário que os usuários compreendam de uma forma literal as mensagens vinculadas pelos idealizadores. Eu acredito que eles sentem a importância desses espaços a partir de sua utilização cotidiana e banal. Isso é o que chamo de valor...

Figura 19. Jardim Azul, Parque André-Citroën, Paris.

Figura 20. Jardim do Movimento, Parque André-Citroën, Paris.

Os jardins e os parques são também pedagógicos?

Talvez não. Eu adoraria que os usuários compreendessem as mensagens vinculadas no projeto, mas o fato de querer obrigá-los a entender me parece exagerado. Deve-se preservar o direito daqueles que utilizam um espaço sem compreendê-lo. Mas há usuários que desejam compreender, querem saber mais. Por isso acho importantes as publicações que expliquem o conteúdo dos jardins àqueles que assim o desejarem. Solicitei à Prefeitura de Paris que se responsabilizasse por isso, mas não fui atendido na minha solicitação.

Notas

[1] Em 1977, o Apur entrevistou 1.900 visitantes de 48 espaços verdes parisienses.

[2] Os 12.500 visitantes de 25 espaços verdes parisienses foram entrevistados pelo Apur em 1980-81.

[3] A degradação dos imóveis é o ponto de partida de uma grande operação de renovação no setor sul do bairro Goutte d'Or, a partir de 1985. Mais tarde, em 1998, as obras chegam também ao setor norte.

[4] Essa é uma prática corrente há algumas décadas, em razão da inadequação do parque residencial de caráter social em Paris às necessidades das famílias, da insuficiência da construção de novas residências e do custo elevado da propriedade e dos aluguéis praticados no mercado livre. A política de distribuição não oferece nenhuma possibilidade às famílias ditas "prioritárias", além de dois mil imóveis por ano para uma demanda dez vezes maior, enquanto a prefeitura e o escritório HLM orientam voluntariamente essas categorias aos imóveis situados nos municípios periféricos da aglomeração (Merlin, apud Belmessous, 2000).

VISIBILIDADE

Parques públicos como representações do poder e alegorias do tempo na cidade contemporânea: o exemplo de Paris

Todos os parques públicos representam alegorias do tempo e dos poderes que os conceberam. Para a demonstração de tal assertiva, Paris se impôs como exemplo emblemático, proporcionando a confrontação disciplinar de dois pesquisadores de círculos culturais distintos, trabalhando sobre o mesmo objeto de estudo: os parques urbanos.[1]

Espaço e tempo atuam concomitantemente nos parques públicos e servem de fio condutor da análise. As escalas espaciais constituem o primeiro nível da reflexão. A grande escala vai desde alguns metros a alguns hectares, correspondendo à superfície dos parques e aos lugares do uso e da apropriação. A escala média suscita uma leitura do parque público no contexto da cidade, enquanto a pequena escala leva em consideração a aglomeração, a região e o país. O segundo nível da reflexão concerne ao tempo: o tempo curto é aquele dos usuários e de suas práticas de apropriação espacial, enquanto o tempo longo mobiliza os idealizadores e os gestores dos projetos, os poderes públicos e as imagens hegemônicas, sendo o tempo necessário para que um parque possa existir.

As observações de campo servem para validar a argumentação aqui proposta.

Algumas vezes, no entanto, elas pareceram lacunares ou demasiado subjetivas. Por isso, outras fontes de informação também foram utilizadas sob todas as formas disponíveis: os argumentos dos arquitetos e paisagistas, aqueles dos políticos, bem como os elementos e as diretrizes principais dos projetos, planos e programas que deram origem aos parques analisados. Esse conjunto de dados produz um dispositivo, um sistema, no qual é conveniente distinguir diversos níveis de interação. As temporalidades e as escalas espaciais são condições necessárias para a problematização da discussão proposta.

A discussão se articula em torno de dois paradoxos principais: entre a forma e o discurso, e aquele que concerne aos valores, estes últimos colocando em destaque as virtudes dos parques urbanos (estéticas, pacificadoras, higienistas, pedagógicas), mas muitas vezes deixando em segundo plano os valores imobiliários e mercadológicos, que traduzem a emergência do *marketing* urbano, um signo forte das representações do poder econômico e político.

O discurso e a forma

Antes mesmo de tornar-se esse espaço de lazer caro aos *urbanitas* ávidos de natureza, o parque é uma ideia, um conceito, uma utopia, um desejo... Concebido como equipamento urbano e recreativo, o parque público está ligado, sobretudo, a uma vontade política. A história de um parque começa sempre com uma comanda política, mas o caminho é longo até que ele possa deixar traços na paisagem urbana.

Para realizar seu "sonho" de parque público, o poder (real, imperial ou presidencial) sempre soube buscar o auxílio de profissionais de prestígio. Note-se que mesmo hoje os exemplos validam essa hipótese. Luís XIV resgatou, em Versalhes, a brilhante equipe de Vaux le Vicomte, composta, entre outros, por Le Nôtre e Mansart; Napoleão III, para os parques de Buttes-Chaumont, de Montsouris e de Monceau, utilizou-se da competência de Haussmann e Alphand; em La Villette, para o "parque do século XXI", François Mitterrand lançou mão do arquiteto Tschumi e de alguns paisagistas de renome como Gilles Vexlard e Alexandre Chemetoff.

Os parques sempre cumpriram o papel de "emblemas" do poder, mobilizando recursos consideráveis para sua concepção e implantação. Eles são vitrines e signos ostentatórios dos poderes constituídos, sem os quais não podem existir. Quais são os discursos que se escondem por trás dessas ambições políticas? Como e sob que formas manifesta-se essa vontade política de representação?

Figura 1. Jardim de Versalhes, Paris.

Figura 2. Parque de Buttes-Chaumont.

Os concursos de ideias e projetos

Os concursos para escolha dos projetos constituem atualmente a primeira etapa para implantação de um parque público, sua data oficial de "nascimento". Antes mesmo de se materializar e deixar suas marcas no espaço urbano, o parque público é um discurso dos poderes políticos e econômicos. A realização das intenções oficiais se dá no tempo longo das representações e das tomadas de decisão políticas. Trata-se, sobretudo, de uma vontade política que se manifesta através da intenção de deixar traços para o futuro, de se representar através do tempo. Os parques sempre foram elementos emblemáticos de operações de urbanismo, inscritas na pequena escala espacial da aglomeração, da região, do país e do mundo.

Qualquer que seja a época em que foram concebidos, os parques são sempre testemunhos do gosto pelo gigantismo e pelo grande espetáculo daqueles que decidem os destinos das cidades em termos de arquitetura e urbanismo (Choay, 1985). Antes de tornar-se um ato de escritura dos arquitetos e paisagistas, o parque é acima de tudo a tradução de uma demanda política. Hoje os parques são motivos para organização de concursos internacionais de arquitetura e urbanismo que sublinham o prestígio dessas realizações, transformadas em canteiros de obras de presidentes e prefeitos.

O exemplo do Parque de La Villette é significativo nesse contexto. Para todos os agentes envolvidos, sobretudo para os arquitetos e paisagistas, mas também para os contratantes do projeto, a concepção e implantação desse grande parque determinaram a organização de um concurso internacional de prestígio. A vontade manifesta de conceber um modelo para o parque do século XXI mostra bem sua importância. As questões colocadas para as 472 equipes participantes do concurso eram complexas: o objetivo principal da operação era o de conceber um equipamento internacional, descentralizando a cidade e instalando um polo estruturante para toda a região nordeste de Paris. Um grupo de personalidades (Jack Lang, Roger Quilliot, Paul Guimard, Robert Lion) foi convocado pelo presidente da república para colaborar na elaboração do ambicioso programa. O concurso internacional foi oficialmente lançado em abril de 1982.

Já durante o governo de Valéry Giscard d'Estaing pensava-se na implantação de um museu nacional das ciências e da indústria, de um auditório e de diversos equipamentos anexos em La Villette; no governo seguinte, de Mitterrand, o projeto é ampliado e modificado, com a adoção de novos conceitos. A vontade de impor a ideia de um complexo cultural polivalente explicita a intenção de sinalizar uma mudança no governo do Estado Francês. Para Mitterrand, trata-se de superar os testemunhos de épocas passadas; para Jack Lang, de criar a possibilidade de conceber espaços de dimensões suficientes para permitir aos visitantes, através de passeios e itinerários diversos, algo mais que simplesmente o exercício de atividades físicas (Denègre, 2001).

As ambições e expectativas do presidente da república no tocante ao novo parque público são expressas sem ressalvas durante a apresentação do projeto ganhador do concurso internacional. Postado diante de grandes painéis representando os parques de Versalhes e Buttes-Chaumont (ilustrando, respectivamente, os parques dos séculos XVII e XIX), Mitterrand diz a Tschumi que os considera projetos emblemáticos para a época em que foram concebidos (Denègre, 2000). Não é à toa que esses dois parques são evocados como referências clássicas e colocados em relação direta com o "parque do século XXI". O objetivo maior dessas operações se revela através da criação de modelos portadores de ideias tidas como "inovadoras" em relação ao contexto histórico em que esses parques foram concebidos. Essas ideias vão ajudar os poderes públicos em suas estratégias de representação na escala do mundo, assumindo "riscos" em relação às formas preexistentes.

No Buttes-Chaumont, o objetivo era o de encenar uma paisagem ideal, com uma ambiguidade própria da época em que foi concebido, onde o falso e o verdadeiro rivalizavam "sem vergonha". O parque foi implantado por Haussmann no lugar de um antigo depósito de lixo em Paris. O projeto do novo parque agradou a Napoleão III, que o aceitou imediatamente e sem ressalvas. O Buttes-Chaumont foi inaugurado na primavera de 1867 e transformou-se rapidamente num símbolo das grandes realizações do império. Em Versalhes, Le Nôtre concretizou a utopia de Luís XIV. Aqui, a dominação simbólica da natureza expressa a intenção de dominar o mundo. O parque é indubitavelmente uma metáfora do poder, uma representação do mundo dominado pelo rei (Jarrassé, 1992; Carmona, 2000; Verlet, 1961).

Hoje, os concursos internacionais substituem a vontade real ou imperial para legitimar uma política voluntária de criação de grandes equipamentos culturais. Para todas as operações urbanas de monta, os concursos tornaram-se incontornáveis e obrigatórios. Em La Villette, depois da realização do concurso, a ideia do parque cristalizou-se em torno dos princípios formais do desconstrutivismo. Grandes superfícies gramadas, jardins temáticos e pavilhões vermelho fogo (as *folies*) são os elementos principais do projeto, constituindo, segundo Tschumi, um imenso edifício descontínuo com uma estrutura única (Debié, 1992). Quando a ideia do parque se consolida, são enfim convocadas as equipes de profissionais competentes. O parque se transforma em discurso. Explicações, argumentos, planos e projetos são a expressão dessa mobilização. Onde implantar cada um dos equipamentos? Sob que padrões estéticos? Pois o parque deve cumprir ao mesmo tempo toda sorte de expectativas: dar novamente coerência ao tecido urbano, transformar a imagem dos bairros do entorno, embelezar a cidade, oferecer lugares de entretenimento e diversão à população etc. Todos os interesses – sociais, urbanísticos, estéticos – se superpõem. E são enfim as formas do novo parque que deverão dar conta de todos os discursos.

Organiza-se então uma grande operação de tradução de uma linguagem em outra. É nesse momento que intervêm os arquitetos, paisagistas e artistas plásticos, apropriando-se de fato do projeto. O discurso transforma-se em formas, desenhos, maquetes. Já nesse estágio do processo de gênese do parque observa-se uma defasagem entre a ideia original e aquela concretizada nos planos e projetos. O tempo segue seu curso, e uma dezena de anos é às vezes necessária para que os projetos sejam de fato implantados: após a realização dos concursos, das reuniões dos jurados, da escolha das equipes vencedoras, da mediatização nas revistas profissionais e na imprensa dos projetos vencedores, pode-se enfim iniciar o canteiro de obras. De acordo com sua importância – simbólica e econômica – os projetos dos novos parques inscrevem-se na lógica de um mercado mundializado e as equipes participantes dos concursos internacionais possuem em geral prestígio correspondente à importância do projeto. Podemos dizer que para pequenos parques os candidatos são locais e para os grandes parques os candidatos possuem renome internacional? Existem "grifes", como na alta-costura, escolhidas justamente por sua reputação internacional? Qual é afinal a importância do discurso formal e das formas do discurso nesse tipo de "competição"?

Quando o discurso torna-se forma

Nos dias atuais, os vencedores dos concursos lançados por sociedades de economia mista, pelo Estado ou pela municipalidade desempenham papel central na tradução formal do discurso político. Trata-se, sobretudo, da tradução das intenções oficiais – políticas e econômicas – da busca de princípios estéticos para a "encenação" do poder. Durante o colóquio "A pesquisa e os pesquisadores nas escolas de paisagismo francesas", realizado na ENSP de Versalhes, Gilles Vexlard – que concebeu o Jardim de La Treille no Parque de La Villette – resume seu papel como paisagista profissional com as seguintes palavras: "O paisagista não é um mediador, mas um prospector que busca a solução para os problemas colocados por aqueles que encomendam os projetos. Nós somos pagos para isso!". Arquitetos e paisagistas devem sempre respeitar um conjunto de diretrizes e orientações, resultado de pesquisas sobre as características do sítio, encomendadas ou realizadas por aqueles que demandam os projetos ou pelos organizadores dos concursos. A forma é, portanto, algo que restringe o trabalho dos criadores desde o lançamento dos concursos internacionais de projetos.

Os concursos lançados em Paris para criação e implementação de grandes parques públicos nos anos 1990 atraíram o interesse de muitas equipes profissionais. Para o Parque André-Citroën, implantado no terreno da antiga fábrica de automóveis, a exigência fundamental do Ateliê Parisiense de Urbanismo (Apur) e da prefeitura de Paris era a de que o parque fosse concebido considerando sua inserção no tecido urbano a partir de duas escalas distintas: aquela da cidade e dos grandes parques públicos e aquela dos novos bairros e do 15º distrito de Paris. Os participantes do concurso foram estimulados a enriquecer essas diretrizes com espaços, programas e temas originais, devendo respeitar também as (estritas) normas e prescrições para o entorno construído do novo equipamento. Dez equipes – de um total de 63 candidaturas e 45 equipes estrangeiras – foram selecionadas. Ao final do concurso, duas equipes são consagradas, devendo trabalhar juntas na concepção e implantação do projeto do novo parque, "conciliando" seus discursos: a equipe de Viguier, Jodry e Provost, de um lado, e, de outro, a equipe de Berger e Clément.

Tratava-se de fazer convergir um discurso "urbanístico" com um discurso "cênico", ao mesmo tempo complementares e em oposição. O primeiro – o "formalismo urbanístico" da equipe de Provost – priorizava a inserção do parque no espaço urbano, enquanto o segundo – a "narrativa vegetal" da equipe de Clément – sublinhava o papel e o desenho dos jardins temáticos no contexto do novo parque. Esse "casamento", imposto pela prefeitura de Paris, foi consequência não somente das analogias de forma entre os projetos apresentados pelas duas equipes (grande gramado retangular no centro do parque, emoldurado por cursos d'água e jardins temáticos), mas também por uma vontade explícita de legitimar a linguagem neorromântica, por vezes inconsistente, mas extremamente eficaz, adotada nas duas propostas. Para a prefeitura de Paris, a concepção de um parque dessa importância deveria nortear-se por uma "ideia forte", associando o rigor de Provost e os conhecimentos botânicos de Clément (Debié, 1992; Garcias, 1993; Paysages et Actualités, 1992).

Os grandes parques são a materialização de uma narrativa, ligada a uma linguagem e a uma forma de "escrita", que deixam suas marcas na cidade através do tempo. Se no Parque André-Citroën, o Jardim do Movimento – uma superfície calculada, instável e criativa (Yum, 1993) – simboliza os ciclos naturais e a passagem do tempo, no Parque de Bercy, o objetivo é fazer do próprio tempo a matéria-prima do projeto, implantado no lugar dos antigos depósitos de vinho da capital francesa. Para os criadores do parque, tratava-se de conservar as marcas do passado nos "Jardins da Memória", conservando o traçado dos caminhos e vias (que datam do início do século XX) e cerca de 400 árvores centenárias. Segundo a equipe ganhadora do concurso – escolhida entre 106 candidaturas (46 estrangeiras) –, tratava-se, sobretudo, de criar e conceber o novo parque a partir dos testemunhos de épocas passadas, ainda existentes no lugar (Ferrand; Feugas; Huet; Lecaisne; Leroy, 1993).

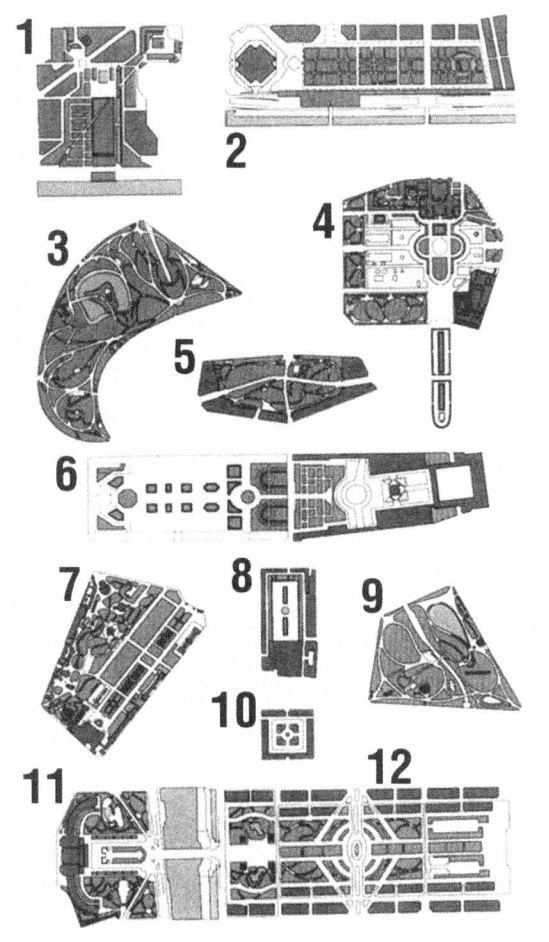

Figura 3. Comparação gráfica com escala constante dos principais parques parisienses:
1. Parque André-Citroën;
2. Parque de Bercy;
3. Parque de Buttes-Chaumont;
4. Jardim de Luxemburgo e alamedas do Observatório;
5. Parque Monceau;
6. Jardim das Tulherias;
7. Jardim das Plantas;
8. Jardim do Palais-Royal;
9. Parque Montsouris;
10. Praça de Vosges;
11. Jardins do Trocadero;
12. Campos de Março (Fonte: Apur).

A concepção e implantação dos Parques André-Citroën e Bercy apresentam muitos pontos em comum. Os dois parques, originados das decisões do Conselho de Paris, no início dos anos 1970, deveriam contribuir para a criação de novos bairros, com funções residenciais, comerciais e de serviços, no lugar de antigos terrenos industriais ou de depósitos/entrepostos, próximos dos limites da cidade: as fábricas da Citroën e os depósitos de vinho de Bercy e, nos dois casos, os terrenos contíguos da rede ferroviária. A implantação dos dois parques deu-se também num período de "vacas magras" e, em Bercy, a palavra de ordem foi a contenção de gastos. Em 1994, quando um terço das obras do parque estava concluído, o arquiteto Bernard Huet declarou que considerava o projeto "desfigurado", denunciando o "fosso" existente entre o "espírito" do projeto original e o "vigor" do que estava sendo efetivamente implantado em Bercy.

A implantação menos custosa do Parque de Bercy em comparação ao Parque André Citroën mostra que a Prefeitura de Paris tornou-se, com o passar do tempo, menos ambiciosa em suas estratégias de representação. Em Bercy, alguns equipamentos que constavam no projeto original não foram implantados, a exemplo de uma grande estufa, de um anfiteatro e de alguns cafés. Nos dois casos, as estratégias de representação se fazem na pequena escala da aglomeração, ao passo que, para o parque André-Citroën, a pequena escala abrange também o país e o mundo. Com este último parque, a prefeitura de Paris pretendia "rivalizar" com o governo central francês e "seu" Parque de La Villette. O objetivo era o de apontar um novo modelo para o "parque do século XXI", abandonando a visão arquitetônica e o espírito de "instalação artística" do Parque de Tschumi. Uma década mais tarde, tratava-se de conceber e implantar em Javel-Citroën "um parque de paisagistas", onde os jardins de Clément deveriam desempenhar um papel central.

Uma vez implantado, o parque se transmuta em formas. Começa o tempo de sua legitimação através da apropriação social das formas pelos usuários. É aqui que termina o paradoxo entre forma e discurso. Para os pesquisadores, as fontes documentais tornam-se escassas. O que acontece uma vez que o parque passa a ser "lido" e "vivido" na paisagem urbana?

A apropriação da forma

Os usuários são raramente objeto de grande interesse por parte dos agentes que viabilizam a implantação dos parques públicos. No entanto, por suas práticas espaciais e suas estratégias de representação, eles acabam por forjar novos discursos, relacionados à crítica aos lugares que frequentam, aos comportamentos, às atitudes e às lógicas de apropriação espacial. As trilhas e os caminhos espontâneos nos gramados, os bancos ignorados ou disputados, as incivilidades cometidas em determinados lugares... Todas essas apropriações devem ser interpretadas como discursos. Colocados em perspectiva como contraponto às ambições sociais dos agentes políticos e aos projetos propostos e implantados pelos profissionais da paisagem, os modos de apropriação recontam, através de um outro registro de tempo, a história e a vida cotidiana do parque urbano.

Os usos do parque se leem na escala da cidade ou do bairro. Eles correspondem às práticas de lugares particulares no interior dos parques: as áreas gramadas, as áreas de lazer infantil, os caminhos... Dito de outro modo, o tempo "encaixa-se" no espaço. Uma vez no interior do parque, o tempo torna-se ainda mais curto e as escalas espaciais ainda maiores. Ao que parece, o tempo dos usos não corresponde àquele necessário para que o parque possa existir, ele é sequenciado, fragmentado, repetitivo. Ele corresponde aos ritmos urbanos e à liberdade de cada um de ir a um parque e lá passar algumas horas ou minutos.

A acessibilidade e a proximidade são os elementos mais importantes para o público. Isso parece comprovar que os aspectos estéticos e históricos do lugar não são as razões principais para seu sucesso. Os grandes parques históricos em Paris, como o Jardim de Luxemburgo ou o Buttes-Chaumont, devem se adaptar – às vezes de modo "doloroso" – aos "novos" tempos. Como fazer coexistir as suntuosas floreiras com as áreas de lazer infantil e seus brinquedos de cores fluorescentes, sem ferir a estética que convém a um sítio histórico? Como gerir a concorrência entre os animais domésticos (e seus dejetos) e as crianças nas áreas de lazer infantil com piso de areia tratada? Como fazer coabitar os praticantes de *cooper* e aqueles que preferem meditar e contemplar a natureza?

Ao que parece, com os processos de apropriação social dos parques públicos, instala-se uma concorrência entre os usos ditos "conformes" com as regras e normas e os usos imprevisíveis ou "proibidos". O usuário é, como os criadores dos parques urbanos, um agente no espaço do qual ele se apropria. A utilização dos parques urbanos é ordinária, cotidiana e banal. Esses modos de utilização são compatíveis com as intenções originais dos projetos, com a estética e os conceitos utilizados na concepção dos grandes parques urbanos? Os testemunhos recolhidos por Pascal Denègre (2001) entre os usuários do Parque de La Villette mostram uma defasagem entre forma e uso. As *folies* de Bernard Tschumi são interpretadas com muita liberdade e fantasia pelos usuários do parque.

> *"As* folies*? Eu acabei de constatar isso escrito em algum lugar; estava escrito* folie *das crianças em uma espécie de casa vermelha. Sempre achei que eram escritórios de administração do Parque."*

> *"Esses equipamentos vermelhos têm um ar frio e impessoal. Mas essas são as cores de La Villette: o vermelho e o verde. É uma coisa moderna, 'design', talvez com um pouco de exagero. Eu não vejo nenhuma relação entre todas essas coisas do parque."*

> *"Existe uma unidade de estilo. De um lado, há as passarelas, de outro, essa arquitetura metálica e ondulada. E há também essas 'máquinas' vermelhas aqui e acolá, mas não se sabe exatamente para que servem e porque estão ali, mas elas estão em toda parte!"*

> *"Isso tudo me dá a impressão de que nada foi pensado no momento de implantação do parque; ao que parece foram aos poucos colocando essas coisas porque havia espaço para isso."*

Esses discursos articulados com palavras e expressões do dia a dia vão encontrar eco em outras formas de linguagem, aquelas ligadas ao corpo e às práticas de apropriação espacial. Podem-se distinguir três tipos de práticas, que vão informar sobre a pertinência ou, ao contrário, a incompreensão das formas dos equipamentos colocados à disposição dos usuários. As primeiras são aquelas em perfeita concordância com as diretrizes impostas pelos projetistas. Trata-se das caminhadas e do *cooper* diários, da apropriação dos bancos confortáveis e bem expostos ao sol (a prática do bronzeamento transforma os parques em "praias"), das brincadeiras e jogos das crianças nas áreas de lazer infantil, dos gramados onde os jogos e os piqueniques são permitidos, dos lugares onde se pode tocar música (Parque de La Villette) ou praticar esportes (ginástica chinesa no Jardim de Luxemburgo, por exemplo).

Figura 4. Área de lazer infantil em La Villette, Paris.

Em alguns casos, os modos de apropriação não levam em conta as intenções do projeto original, ocasionando conflitos de uso entre os usuários. O exemplo dos animais domésticos nos parques públicos é emblemático. A França é o país no mundo com maior número de animais domésticos (especialmente de cães). Nas cidades, são os parques públicos os locais de "recreação" para esses animais, que colocam o problema da coabitação com outras formas de uso, daí a existência de regras e proibições no tocante a essa questão. A presença dos sem-teto, territorializando determinadas áreas dos parques urbanos, também suscita reclamações e protestos. No Parque André-Citroën, embora o uso dos jatos de água da esplanada principal seja proibido para o banho, uma multidão de crianças e jovens disputa a área nos dias mais quentes do verão. Também as floreiras sofrem com a "colheita" proibida às vésperas dos dias das mães, quando os serviços de jardinagem da cidade se debatem com o sumiço de gerânios que vão florir os balcões dos apartamentos no entorno dos parques e jardins...

Figura 5. Grupo de percussão em La Villette, Paris.

Figura 6. No Parque André-Citroën, embora o uso dos jatos de água
da esplanada principal seja proibido para o banho, uma multidão de crianças
e jovens disputa a área nos dias mais quentes do verão.

A utilização do parque público mobiliza códigos de conduta supostamente conhecidos de todos. Mas as transgressões a esses códigos podem ser mais graves que as relatadas no parágrafo anterior. O parque pode também se transformar em lugar de delitos e incivilidades, particularmente no período noturno. Essa característica em geral não é abertamente evocada, mas faz parte das preocupações dos responsáveis pela concepção, implantação e gestão dos parques urbanos. Assim, o problema do cercamento dos parques e dos horários de abertura e fechamento está estreitamente relacionado com a segurança e o controle do espaço, com a ausência de vegetação e as grandes perspectivas que se abrem ao olhar (como em La Villette). Lugares escondidos pela vegetação são objeto de receio e desconfiança por grande parte dos usuários. Isso prova que o parque público – apesar de suas características de lugar de controle e pacificação social – não está protegido do mundo que o rodeia (afinal, por que haveria de estar?). Ao contrário, ele serve de caixa de ressonância, de eco para o mundo ao seu redor. Longe de neutralizar as dissonâncias urbanas, ele é o espelho que as reflete.

Figura 7. Pichação no Parque de Bercy.

Figuras 8 e 9. Pichações no Jardim dos Bambus em La Villette.

Valores encarnados e revelados

O século XIX é o período onde emerge a ideia do parque público urbano. Atribui-se então a esse espaço um conjunto de qualidades que deveriam resolver os males da nascente civilização industrial. O parque público é visto desde então como instrumento útil para os reformadores do momento, que vão agir de acordo com o lema, "faz-se necessário tornar a cidade bela e boa de viver para seus habitantes". Na capital inglesa, em 1833 (ano que marca a adoção da ideia de parque público pelas instâncias oficiais de planejamento urbano), o Comitê responsável pelos espaços públicos urbanos apresenta seu primeiro relatório ao Parlamento Britânico. Trata-se de um inventário de fatores que determinam a necessidade de espaços públicos para os habitantes das cidades, especialmente associados às necessidades relacionadas com a saúde, o bem-estar, a moral e a diversão da população. Nasce a ideia de parque público como um lugar de virtudes!

Nesse momento histórico, a questão central colocada é a ênfase nos aspectos funcionais em detrimento dos aspectos estéticos, que corresponde às mudanças relativas ao público frequentador dos parques urbanos. De observadores, eles assumem agora a condição de usuários de espaços organizados para satisfazer suas necessidades. Essas necessidades (atualmente, fala-se de expectativas, mas o conceito é similar) se articulam em torno da ideia de que a cidade, seus miasmas e dejetos precisam de um antídoto, de aeração e circulação. As doutrinas higienistas são, portanto, as primeiras a legitimar o parque em sua função sanitária. Frederick Law Olmstead, um dos precursores entre os criadores do parque público nos Estados Unidos (é dele o projeto do Central Park em Nova York), defende explicitamente essas doutrinas em um fragmento de carta endereçada a Calvert Vaux, no qual argumenta que os parques urbanos salvaram a vida de muitas mulheres e crianças, que não teriam condições financeiras para se "curar" fora das cidades (Le Dantec, 1996).

Aos benefícios sanitários e higiênicos da "natureza" na cidade industrial acrescenta-se a virtude de "pacificação social", associada rapidamente a uma espécie de "controle social". O parque público e seus usos normatizados deveriam servir de modelo de conduta para os mais pobres; ali eles poderiam aprender relações de bons modos e cortesia. É nesse contexto que Olmstead, na mesma carta citada no parágrafo anterior, enaltece os méritos dos parques urbanos, argumentando que esses equipamentos criariam uma atmosfera que estimularia as classes mais desfavorecidas e refratárias à ordem estabelecida a desenvolver novas relações sociais, baseadas na harmonia e na delicadeza.

A obediência e a submissão às normas sociais, graças à frequentação dos parques urbanos, nunca esteve muito distante de preocupações de ordem econômica. Em Londres, John Nash e Humphry Repton vão conceber o Regent's Park pensando também na construção de imóveis residenciais a fim de valorizar o solo urbano e aquecer o mercado imobiliário da época. O mesmo acontece em Paris sob a ação de Haussmann, onde os grandes projetos de parques públicos estarão sempre associados a operações imobiliárias de monta. A população dos arredores dos Parques Monceau e Buttes-Chaumont viu os preços de seus imóveis triplicarem em alguns poucos anos, o mesmo acontecendo no entorno do Central Park em Nova York. Para Olmstead, o parque tornou a cidade mais atrativa para as classes de renda mais alta, que com a decisão de habitar as áreas mais centrais do entorno do parque tornaram-se também (bons) contribuintes (Ponte, 1990; Carmona, 2000; Le Dantec, 1996).

Esses valores originais foram modificados no momento atual? Esse conjunto de virtudes, fortemente associado ao contexto da cidade do século XIX, ainda é pertinente? Reencontra-se nos parques de La Villette, Bercy e André-Citroën a encarnação desses valores de mais de um século? Essas questões permitem a formulação da hipótese de que sob outras formas e com outras palavras a mesma simbologia pode também ser lida nos parques atuais. A ecologia e a "cidade sustentável" substituíram as preocupações dos grandes reformadores do século XIX. Mas os parques conservam ainda seus valores ancestrais, transmutados em outras formas, já que as qualidades higienistas, estéticas e hedonistas do parque público permanecem atuais. Por fim, as operações imobiliárias e os planos de urbanismo que deram origem aos novos bairros de Javel-Citroën e Bercy, para citar apenas esses dois exemplos, são similares àqueles realizados no século anterior em Buttes-Chaumont e Monceau.

A permanência das funções primordiais atribuídas aos parques urbanos baseia-se em valores aparentemente imutáveis. Mais do que nunca, o parque público é uma unanimidade entre os usuários. Ninguém contesta sua presença na cidade e parece politicamente incorreto se opor aos projetos de implantação de um parque no contexto urbano. Por outro lado, os parques contribuem para a valorização do solo urbano, caracterizando intervenções seletivas e, por que não dizer, discriminatórias, no contexto das cidades contemporâneas.

Valores simbólicos sempre presentes

Os jardins e parques públicos estão "na moda". Espaços frágeis e preciosos, sua implantação faz eco às reivindicações generalizadas por áreas verdes e naturais no contexto das grandes cidades na atualidade. Produz-se o consenso de que o parque público contribui para melhorar a qualidade da vida urbana e oferece aos habitantes das cidades espaços recreativos e de lazer "festivo". A necessidade de "natureza" nunca foi tão evidente, colocando os parques públicos no centro das novas problemáticas urbanas e tornando o uso de "áreas verdes" um direito de todos os cidadãos. Em seu aspecto material, o parque público é mais do que nunca um "espaço de natureza" em ruptura com os "espaços minerais", o ambiente construído e os ritmos urbanos.

Hoje, não se fala mais em "curar" as doenças da classe operária; se as preocupações higienistas perduram, elas assumem novas formas, aquelas do "bem-estar" do "se sentir bem". A visita ao parque urbano representa, atualmente, a possibilidade de respirar "ar puro", de caminhar de pés descalços nas superfícies gramadas, ou, simplesmente, de levar as crianças para passear e brincar ao ar livre. Esses espaços de natureza cada vez mais rara representam o antídoto para os ritmos urbanos, o *stress* e a poluição. Por isso, os investimentos para implantação de áreas verdes nas cidades ao redor do mundo são crescentes.

O parque público confere "charme" e "qualidade estética" ao ambiente urbano circundante. Ao interesse crescente pela preservação da natureza e pela ecologia, é acrescida uma preocupação onipresente no tocante ao "patrimônio" da cidade contemporânea. Em 1992, "ano europeu dos jardins", Jacques Chirac, na ocasião ocupando o cargo de prefeito de Paris, afirmou categórico que os jardins da capital francesa são testemunhos de um patrimônio vivo, que a arte dos jardins é parte integrante da história das artes. Para Chirac, o ano europeu dos jardins foi um marco na política de valorização dos espaços verdes de Paris e sua região. Hoje, os jardins e parques parisienses são objeto de atenção das

Figura 10. A visita ao parque urbano representa, atualmente, a possibilidade de respirar "ar puro" (Jardim serial de Gilles Clément, no Parque André-Citroën).

políticas de preservação do patrimônio histórico e cultural, como os monumentos e as obras de arte. Exposições, visitas guiadas e inúmeros livros sobre o assunto testemunham a "paixão" generalizada pelos jardins, reconhecidos agora como "arte" também pelo grande público.

Mas a evolução do parque público contemporâneo não está desvinculada das preocupações ditas sociais daqueles que os concebem e buscam definir seu estatuto na cidade. As transformações do tecido urbano, a requalificação de antigos terrenos industriais, o crescimento das aglomerações metropolitanas, tudo isso contribui para a fragmentação e a perda de sentido da cidade na contemporaneidade. O parque como espaço de natureza, estruturador de vínculos e relações sociais, é encarado como antídoto para todos os males. Integrar os bairros no tecido urbano, melhorar a qualidade de vida, resolver os conflitos sociais através de intervenções espaciais, eis os novos papéis atribuídos aos parques públicos no contexto urbano. É a razão que justifica a pertinência da questão frequentemente colocada por planejadores e usuários, da abertura ou do fechamento dos parques públicos.

No passado, cercados e fechados em geral com grades de ferro monumentais, os parques representavam rupturas com o tecido urbano. Hoje, para implementar a ideia de integração entre bairros, alguns novos parques permanecem "abertos" dia e noite. É o caso do Parque de La Villette e parcialmente do Parque de Bercy (só o grande gramado é aberto no período noturno). Não há dúvida de que o problema dos períodos de abertura e visitação dos parques vai exigir medidas específicas para cada caso. Em geral, se o espaço é sempre aberto à visitação, a vigilância policial é maior. Um paradoxo suplementar se junta à lista de valores produzidos pela implantação dos parques públicos, mais do que nunca espaços de liberdade, acessíveis a todos, mas sujeitos a uma vigilância constante.

Como no século XIX, o parque representa hoje um lugar de sociabilidade e de urbanidade. Ir a um parque é um ato de liberdade. O "verde" e a "apropriação da natureza" tornaram-se direitos reivindicados por todos os cidadãos e objeto de preocupação dos gestores das cidades ao redor do mundo.

Os valores econômicos

A implantação de um parque público se concebe na escala da cidade como um equipamento urbano, e essa é uma das razões que explicam sua inserção em um contexto de grandes operações de promoção e incorporação imobiliária. Se as "virtudes" dos parques urbanos são sempre colocadas em evidência nos discursos oficiais, os valores puramente econômicos, menos "simpáticos" para o grande público, não são menos importantes, determinando, na verdade, a vontade política de implantar esse tipo de equipamento. Com a implantação de um parque, joga-se a favor da especulação imobiliária, "alimentada" pela boa imagem da cidade e dos poderes públicos, que optaram pela implantação desses espaços de "natureza" no contexto urbano. Os poderes políticos e econômicos – só eles são capazes de implantar um parque público – vão se representar através dos grandes projetos e programas, assim como dos meios colocados à disposição para sua implantação.

As operações de urbanismo que originaram os três grandes parques parisienses a partir dos anos 1990 obedeciam a uma lógica comum de requalificação de antigos terrenos industriais e valorização de bairros populares da capital francesa. É nesse contexto que surgem imensos canteiros de obra, denominados de ZACs (grandes zonas de planejamento administradas por sociedades de economia mista; ver capítulo "Valorização imobiliária"), que vão se constituir em um dos principais instrumentos para operacionalização de grandes operações urbanas em território francês. Nas ZACs, os investimentos de capital são obrigatoriamente geridos por uma coletividade territorial: cidades, departamentos ou o Estado francês (Ascher, 1994).

Em Paris, os parques dos anos 1990 cumprem a mesma função dos equipamentos implantados no Segundo Império: a valorização do solo urbano. Eles continuam a ser pensados como elementos de valorização de bairros populares e/ou industriais através de grandes operações de reestruturação urbana, reconquistando para o mercado imobiliário áreas tidas como "decadentes". Segundo dados da União de Cartórios da cidade, o preço do metro quadrado aumentou em todos os bairros atingidos por essas operações. Trata-se de um ambiente em plena mutação, onde ao redor de um grande parque são implantados também outros equipamentos culturais, além de imóveis residenciais, lojas, restaurantes e escritórios comerciais. Os "novos" bairros – agora com vocação comercial e de entretenimento – são resultado de operações que objetivam romper com a situação de "encraves", de isolamento de áreas no tecido urbano, manifestando uma vontade explícita de "distinção" e de atração de novos investimentos (Augustin, 1998).

Os trabalhos de implantação dos novos bairros e parques em Paris são acompanhados também de um objetivo manifesto de garantir uma certa "mistura" social, reservando 30% dos imóveis residenciais para população com menor poder aquisitivo (Belmessous, 2000). Mas a análise da distribuição das habitações sociais confirma uma lógica de segregação com relação às classes sociais de menor renda e formação escolar. Esse fato é mais evidente no bairro de Javel-Citroën, mas ocorre também em La Villette e Bercy (veja o capítulo "Valorização imobiliária").

A análise dessas operações urbanas coloca em evidência o desejo de representação dos poderes públicos junto à população das grandes cidades, mas também a vontade de valorizar o patrimônio construído dos bairros requalificados. Os espaços públicos contemporâneos transformam-se em lugares do espetáculo para os habitantes e os visitantes de passagem, a cidade se engajando decididamente na produção de um *élan* festivo (ver o capítulo "Turismo e espetacularização"). No entanto, essas intervenções – cada vez mais pontuais e restritas – se contentam em produzir cenários literalmente destinados a fascinar os futuros usuários, tornando-se peças publicitárias das administrações locais, sem relação com as práticas sociais cotidianas, que talvez pudessem lhes conferir algum conteúdo ou significado.

Os modelos e a representação do poder

Ao mesmo tempo em que a implantação de um parque público está estreitamente relacionada com grandes operações urbanas, esses equipamentos representam também – em todas as acepções possíveis do termo – "lugares ideais". O parque público veicula uma imagem de "paraíso social", incólume às tensões e ao estresse da vida cotidiana. Mas, como visto nas seções precedentes, os parques urbanos contribuem também para dar prestígio a determinadas áreas da cidade, revalorizando sua imagem e encarnando uma espécie de "paz consensual". Compreende-se melhor agora o porquê do desejo político de se representar através dessas imagens. Em um contexto de liberalismo econômico e globalização, pode-se inclusive questionar se essas imagens não estariam a serviço de determinadas ideologias e de interesses específicos, de cunho político e econômico. Ao contrário da ideia muito difundida do parque urbano como "bem comum", como lugar do lazer e do entretenimento, o pano de fundo das operações que deram origem a esses equipamentos parece se constituir numa estratégia de segregação das classes populares em favor das classes médias urbanas. Essa crítica, no entanto, parece não ser tão nova assim.

Também Haussmann foi criticado em nome da equidade social durante o período de grandes operações de reforma urbana em Paris. Michel Carmona (2000) lembra, na biografia que escreveu sobre Haussmann, da implantação do Parque de Buttes-Chaumont, com custo estimado de seis milhões de francos. A operação suscitou dúvidas sobre o favorecimento de determinadas frações do território de Paris, em detrimento de tantas outras com necessidades muito mais urgentes. A única resposta de Haussmann aos críticos foi deflagrar outras operações semelhantes que também deram origem a novos parques públicos, como o Parque Montsouris, declarado como de "utilidade pública" para a cidade. As semelhanças com a situação atual são, portanto, evidentes.

A implantação do Parque de La Villette, um século depois, mostra bem as vicissitudes políticas entre a prefeitura de Paris e o governo francês, depois da extinção dos abatedores de carne na periferia da cidade. Em março de 1970, o conselho de Paris se desincumbe dos abatedores, passando-os para o controle do governo da França, ao qual cede suas ações, mais da metade do capital e um terreno de 55 hectares. O governo francês assume todas as obrigações e garantias concernentes, assumindo a propriedade de La Villette e o controle da sociedade de economia mista, criada especialmente para gerir a área. É assim que o Parque de La Villette se transforma em um parque do Estado francês e uma razão de disputas entre as duas instâncias de poder, já que Paris, além de capital do país, sempre foi também um excelente lugar para experiências urbanas que poderiam servir de modelo. Por isso, a cidade sempre recebeu uma atenção especial do governo francês, servindo de palco para operações urbanas de monta (Denègre, 2001; Milhoud, 1975).

Figura 11. A implantação do Parque de La Villette mostra bem as vicissitudes políticas entre a prefeitura de Paris e o governo francês depois da extinção dos abatedores de carne na periferia da cidade.

A concepção de modelos tem, sobretudo, um valor político. Como "modelo", La Villette deveria estar contida nos limites do terreno cedido ao Estado. O parque foi confinado como um "território autônomo", constituindo-se em uma "ilha" verde e vermelha no "oceano" Paris, já que a prefeitura impediu que as *folies* fossem implantadas em áreas do entorno, como o Bassin de La Villette e a Praça Stalingrad. À medida que o passante se aproxima do parque, percebe que uma espécie de "barreira sanitária e retrógrada" foi erigida ao seu redor, denunciando a vontade explícita de contrapor às modernidades do "modelo La Villette" uma Paris tradicional, que a prefeitura parece querer manter no tempo e no espaço (Denègre, 2001).

Para fundamentar essa reflexão, foram analisados aqui alguns exemplos de parques parisienses. Entretanto, este trabalho não se constitui em um estudo monográfico, intentando-se desenvolver uma metodologia aplicável também a outras cidades e a outros contextos culturais. Em Salvador, os novos parques urbanos também vão contribuir, como em Paris, para a valorização de espaços residenciais destinados às classes médias, por exemplo, mas eles continuam a ser lugares distantes e inacessíveis para a maior parte da população. Distância e acessibilidade, dois conceitos geográficos fundamentais, acabam colocando em xeque a noção mesma do parque urbano como espaço público. Se, de um lado, pode-se afirmar que ele continua a ser um "bem comum", colocado à disposição de todos como um lugar de práticas coletivas, por outro lado, parece delicado defini-lo hoje como um lugar de civilidade e cidadania.

Nos belos dias de verão, os grandes parques parisienses adquirem ares de "praia" para seus usuários. O parque André-Citroën torna-se palco para demonstrações de capoeira, grupos de jovens percursionistas se encontram em La Villette, famílias inteiras fazem piquenique em toda parte, delimitando áreas privadas no espaço público. Em Bercy, como nos outros parques, "tomar sol" é prática consagrada, fazendo surgir territórios demarcados por toalhas e acessórios. O grande gramado transforma-se em teatro de uma vida privada que se desnuda ao olhar de todos. O espaço público é transmutado em espaço doméstico. As práticas espaciais engendradas pelos novos parques se inscrevem num contexto de "territorialização". Através de suas condutas, os usuários privatizam o espaço público através da ereção de barreiras simbólicas, às vezes invisíveis ao olhar desatento. O espaço público transforma-se numa justaposição de espaços privatizados, ele não é compartilhado, mas dividido e retalhado entre os diferentes grupos de usuários. Mas a soma de apropriações de um coletivo de indivíduos não é suficiente para legitimar a noção de espaço público. Para Isaac Joseph (1998), o espaço público se define antes de tudo como a cena primitiva da ação política. Portanto, o parque urbano é um espaço aberto ao público, acessível a todos, colocado à disposição dos usuários, mas todas essas características não são o bastante para defini-lo como espaço público.

Figuras 12 e 13. O grande gramado transforma-se em teatro de uma vida
privada que se desnuda ao olhar de todos em La Villette e Javel-Citroën, Paris.

Os resultados dessa análise mostram que a implantação de grandes parques
urbanos, os concursos internacionais e a constituição de um mercado internacional
de paisagismo fazem parte de uma mesma lógica, inscrita num contexto maior de
globalização. Mas outras perspectivas de pesquisa se abrem no campo da geografia
cultural, no tocante às práticas espaciais, às representações da natureza e aos modos
de apropriação social em outras partes do mundo contemporâneo. Eles são idênticos
no Brasil, por exemplo? Ou são nuançados por características culturais distintas?

Mostrar ou esconder? Natureza urbana em Salvador-Bahia

O parque público, como modelo de planejamento urbano, espalhou-
se por todas as grandes metrópoles mundiais. Mas o objetivo agora não é o
de explicitar nem analisar as razões ou as modalidades desse fenômeno quase

universal, o que interessa é fazer emergir a partir da análise das práticas de apropriação de um mesmo "modelo espacial" as diferenciações sociais e culturais nos diferentes contextos analisados. Parte-se da hipótese de que apesar das similaridades formais e funcionais evidentes nesses espaços recreativos existem diferenças fundamentais nas práticas espaciais dos seus usuários.

A reflexão central gira agora em torno dos espaços públicos "de natureza" em Salvador-Bahia. O objetivo é demonstrar as influências recíprocas das representações e práticas dos baianos, relacionadas com a apropriação da natureza "urbana", tomando-se como pressuposto de partida que a leitura e a interpretação dessas práticas e representações revelam uma realidade urbana, social e cultural específica. Se o ponto de partida é ainda o mesmo que aquele da análise dos parques parisienses: um parque público, um jardim, um espaço verde, uma praia... Se é possível constatar similaridades ao menos no tocante ao desenho e planejamento desses espaços, nos "cenários" floridos, nos gramados ou nas áreas planejadas de jogos e esportes, além dessas aparências o que existe de diferenças, de particularidades? Como interpretá-las?

A análise dessas particularidades pode revelar variáveis de pesquisa pertinentes para apreender uma cultura e uma cidade. Esse foi o objeto de uma missão de pesquisa realizada em Salvador, em maio de 2004, por Francine Deloisy-Barthe: verificar se, além das aparências, um parque público é, afinal e em qualquer lugar, um parque público, onde se passeia, se leva as crianças para brincar, onde se assiste a um show ou pode-se almoçar, jantar ou fazer um piquenique; apesar desses pontos comuns, existem elementos de análise que permitam afirmar: aqui estamos no Brasil, lá estamos na França? Uma primeira evidência se impõe: em Salvador, como em Paris ou como em outras metrópoles ocidentais, a presença da natureza na cidade se expressa, ao mesmo tempo, de maneira similar, como parque ou jardim público, e diferente, já que Salvador localiza-se à beira-mar. Portanto, trata-se aqui essencialmente das práticas, dos modos de apropriação e das representações dos/nos espaços públicos de natureza no Brasil. Os parques e jardins públicos servem de ponto de partida para a análise pretendida, que levará também em consideração outras formas de espaços públicos de natureza, já que no Brasil eles apresentam formas mais diversificadas que na França. Pensa-se aqui nas praias urbanas. No Brasil, em todas as grandes cidades à beira-mar, as praias constituem-se em lugares privilegiados de sociabilidade e desempenham um papel considerável na vida cotidiana dos urbanitas, entrando em concorrência direta com outros espaços públicos de natureza, no tocante ao lazer e à apropriação social. Ir a um parque ou a um jardim público é apenas uma das alternativas para as práticas de apropriação da natureza no contexto urbano, e essa é uma das razões que tornam difícil a comparação nos mesmos termos entre Paris e Salvador.

A natureza urbana como espaço público

A particularidade dos espaços públicos recreativos em Salvador reside antes de tudo na leitura que se pode fazer deles em termos de visibilidade.

Agentes públicos e privados vêm conduzindo depois dos anos 1990 uma política urbana que consiste na "encenação" desses espaços, que passam a desempenhar um papel de "vitrine" no contexto urbano. Nesses espaços, a natureza é "encenada" e "consumida". Mas apesar dessa vontade explícita de dotar de visibilidade alguns espaços públicos de natureza na cidade, os soteropolitanos frequentam assiduamente outros lugares que restam "confidenciais" ou "invisíveis". Assim, as práticas de apropriação dos espaços públicos se organizam em função de lógicas aparentemente contraditórias e que produzem algumas vezes concorrência e conflitos. As praias permanecem como lugares tradicionais das classes populares, mas algumas delas, localizadas na orla atlântica, são objeto de projetos de requalificação e revalorização estética, enquanto outras, localizadas na orla suburbana, se restringem a um público de vizinhança e permanecem abandonadas pelos poderes públicos em matéria de intervenção. A mesma observação pode ser feita em relação aos parques e jardins públicos.

A distribuição, mas, sobretudo, a frequentação dos parques e jardins públicos em Salvador podem revelar todas as nuances da organização socioespacial da metrópole. O resultado mais evidente das ações empreendidas no espaço urbano depois dos anos 1990 é o agravamento das desigualdades entre os diferentes bairros da cidade. Os documentos de urbanismo, a escolha de implantar jardins ou parques públicos em determinados e privilegiados lugares, em detrimento de outros, o abandono de alguns parques urbanos mostram bem que são grandes os interesses em jogo, em matéria de política urbana, e que, finalmente, os espaços "verdes" desempenham papel de primeira grandeza nesse contexto.

Diferentes estratégias são adotadas para "tornar visíveis" alguns espaços públicos específicos como as praias ou os parques próximos de bairros com população de melhor poder aquisitivo e maior capital escolar. Essas estratégias concernem, dentre outros, à iluminação, à organização de eventos culturais e à sinalização. Por outro lado, os documentos de urbanismo contribuem de uma maneira diferente para evidenciar espaços que permanecem marginais em termos de apropriação: uma outra modalidade de controle socioespacial?

Parques e jardins públicos: entre palco e bastidor
Depois da segunda metade dos anos 1990, a cidade de Salvador empreendeu uma política sistemática de criação e reabilitação de parques e jardins públicos. Não por acaso, esse período coincide com duas importantes mudanças relativas ao conjunto das grandes cidades do mundo e, em particular, daquelas situadas nos países ditos "emergentes", onde esses fenômenos vão ocorrer com mais intensidade.

A primeira corresponde a uma nova ideologia cuja origem situa-se no continente europeu: o conceito de desenvolvimento e da cidade "sustentáveis". Iniciada na Europa, durante a conferência de Aalborg, e retomada em seguida na conferência do Rio de Janeiro, em 1994, a reflexão sobre a cidade sustentável nasce a partir de uma releitura crítica do desenvolvimento urbano contemporâneo (Emelianoff, 2004).

A ideia de "sustentabilidade" percorreu o mundo inteiro, criando de fato uma dinâmica "esfervescente" de ideias e experiências. O princípio de base é relativamente simples: essas políticas de desenvolvimento sustentável dão novos poderes às instâncias locais e permitem a resolução de um certo número de problemas ecológicos e sociais através de uma reapropriação da cena política local, de uma nova concepção de "democracia urbana". O princípio se apoia na ideia de que a melhoria da qualidade de vida urbana valoriza a imagem e a atratividade das cidades, as áreas verdes servindo a esse fim. Salvador também se inscreve nesse processo de "desenvolvimento sustentável", mas é necessário perguntar se tal política apresenta peculiaridades inerentes ao contexto da capital baiana, constatando-se que a situação socioeconômica da Bahia e do Brasil está longe daquela verificada nos países ricos.

A segunda mudança está relacionada com a evolução socioeconômica do Brasil. Se os anos 1970-1980 foram marcados pelo aumento do poder (econômico e político) das classes médias, em meados dos anos 1990 assiste-se, nas maiores aglomerações urbanas do país, a um aumento expressivo das desigualdades entre ricos e pobres. Essa evolução encontra reflexo na paisagem urbana, que testemunha o surgimento de novos bairros residenciais servidos de centros comerciais e boa infra-estrutura urbana, do mesmo tipo que aqueles encontrados nos países mais prósperos.

A conjugação dessas mudanças vai se materializar no espaço urbano através da criação e da reabilitação de parques e jardins públicos. De uma maneira mais "confidencial", os efeitos dessas novas políticas podem ser observados também a partir da leitura e análise dos documentos oficiais de urbanismo. Os parques e jardins podem assumir papéis de "cenário" ou "bastidor": de vitrine para alguns, porque próximos de bairros mais "nobres", de bastidor para outros, porque mais distantes das áreas centrais e mais próximos dos bairros de perfil mais popular. A análise dos documentos urbanísticos oficiais indica claramente as diferentes modalidades de parques e jardins públicos na capital baiana, a partir da relação visibilidade/invisibilidade.

A classificação das unidades de conservação e alguns paradoxos

A leitura do mapa de áreas protegidas, do Plano Diretor de Desenvolvimento Urbano de Salvador, mostra de modo eloquente esta nova ideologia de desenvolvimento sustentável. A cidade inventariou de modo sistemático as potencialidades ecológicas do conjunto da aglomeração. O inventário dividiu a cidade em unidades de conservação, com graus distintos de qualidade ecológica da cobertura vegetal. Constata-se que uma grande parte da aglomeração urbana é composta por áreas protegidas, que ocupam superfícies consideráveis do tecido urbano: é o caso precisamente da Baía de Todos os Santos e de toda a parte norte da cidade, que correspondem também às reservas hídricas necessárias ao abastecimento da aglomeração. A qualidade ecológica da cobertura vegetal não parece constituir, no entanto, um critério determinante para a implantação de áreas protegidas. Isso pode ser constatado, por exemplo, para o Parque de Pituaçu (alta qualidade ecológica da cobertura vegetal existente, mas sem proteção em toda sua extensão). Inversamente, unidades de conservação mais importantes em superfície (Parque Metropolitano de Pirajá e São Bartolomeu) apresentam qualidade ecológica média e são protegidas em toda sua extensão.

Nesse documento aparecem igual e frequentemente superpostas as áreas de domínio público (entre elas, os parques e jardins) e as zonas não edificáveis. Essas zonas aparecem destacadas nas áreas mais densamente povoadas da aglomeração, correspondendo sempre aos parques e jardins públicos: essas áreas de domínio público são raramente protegidas, não apresentando, em geral, uma qualidade ecológica digna de nota (como, por exemplo, os Parques da Cidade, Costa Azul, das Esculturas e o Jardim dos Namorados).

Os levantamentos de campo realizados no bojo dessa pesquisa fornecem elementos explicativos indispensáveis a nossa demonstração em termos de visibilidade: em todos os casos, os lugares mais centrais são também "hipervisíveis" na paisagem urbana, enquanto outros, mais distantes dos bairros mais prósperos, permanecem à sombra dos projetos oficiais e não são objeto de qualquer tipo de intervenção. Constata-se um paradoxo em relação à "sustentabilidade urbana", já que a qualidade ecológica não parece constituir-se em critério determinante para as operações de requalificação. Enquanto alguns parques são extremamente pobres em cobertura vegetal, não possuindo também nada de excepcional em termos de qualidade estética, e representam um papel significativo na cena urbana, outros, preciosos em termos ecológicos, não recebem qualquer tipo de projeto ou intervenção. Como interpretar essa contradição?

Parques e jardins públicos em Salvador-BA: quadro-síntese.

Nome do parque ou jardim	Área útil	Características do sítio	Ano de criação	Ano de reabilitação	Classificação como unidade de conservação
Parque do Abaeté	225 ha	Localização periférica, ecossistema lacustre e de dunas, lugar de prática do Candomblé. Dotado de equipamentos esportivos, áreas de lazer infantil, lojas e restaurantes.	1978	1992	1992
Parque Costa Azul	5,5 ha	Próximo de bairros de classe média e de centros comerciais (*shopping centers*), com desenho urbano contemporâneo, zoneamento funcional do espaço, projeto de requalificação "espetacular", "encenação do parque", para que seja visto e reconhecido na cidade. Reabilitação de um terreno baldio (local de um antigo hotel em ruínas). Dotado de equipamentos esportivos, pista de *cooper*, áreas de lazer infantil e restaurantes.	1997	NÃO	NÃO

Nome do parque ou jardim	Área útil	Características do sítio	Ano de criação	Ano de reabilitação	Classificação como unidade de conservação
Parque das Esculturas	1 ha	Bairro central e turístico, localizado no interior do Museu de Arte Moderna, recuperação de sítio histórico. Topografia acidentada, localizado à beira-mar, tratamento estético e paisagístico do jardim.	1998	NÃO	NÃO
Jardim dos Namorados	8 ha	Localizado à beira-mar, ocupa uma faixa entre a praia e a avenida oceânica. Requalificação de área degradada. Bem iluminado durante a noite. Dotado de equipamentos esportivos, quadras, áreas de lazer infantil e restaurante.	1999	NÃO	NÃO
Dique do Tororó	11 ha	Próximo ao centro antigo da cidade e do Estádio de Futebol Fonte Nova, recuperação ambiental do lago, implantação de áreas pavimentadas às margens da lagoa. "Encenação" de elementos do Candomblé (estátuas gigantes de Orixás no centro da lagoa). Dotado de equipamentos esportivos, pista de *cooper*, áreas de lazer infantil e restaurantes.	1998	NÃO	NÃO
Parque de Pituaçu	450 ha	Localização periférica, na orla atlântica da cidade. Ecossistema lacustre com áreas florestadas significativas. Uma parte do parque abriga esculturas de Mário Cravo. Dotado de equipamentos esportivos, ciclovia, áreas de lazer infantil e restaurantes.	1973	1995	1992
Parque da Cidade	72 ha	Relativamente central, localizado entre bairros nobres e populares (um muro erigido em 1995 separa o parque do bairro popular imediatamente vizinho). Vigilância permanente, locais considerados inseguros no interior do parque. Dotado de equipamentos esportivos e áreas de lazer infantil.	1974	1992	NÃO

Do parque "vitrine" ao parque esquecido ou de como reforçar a segregação socioespacial

A correlação entre riqueza e pobreza de certos bairros da cidade e o valor ecológico de certas áreas – classificadas como unidades de conservação – são fatores importantes para a compreensão dos processos de segregação socioespacial em Salvador, especialmente se analisarmos os mapas de distribuição da renda dos chefes de domicílio, com foco naqueles de maior (acima de vinte salários mínimos) e de menor poder aquisitivo (até dois salários mínimos), que podem ajudar na tentativa de elucidação desses processos.

Gradiente de visibilidade para os parques e jardins públicos de Salvador.

Nome do parque ou jardim	Gradiente de visibilidade	Abertura/fechamento do sítio Tratamento dos limites	Sinalização e equipamentos no sítio	Acessibilidade e tratamento estético	Manifestações, festas e visitação
Parque do Abaeté	+++ Parte reabilitada visível — Parte "natural" sem visibilidade	Parque dividido em duas partes: uma hipervisível, recentemente reabilitada (*playgrounds* infantis e estacionamentos). Nenhum obstáculo visual para a parte "mineral" do parque. Na outra parte do parque, grandes superfícies ocupadas por um ecossistema de lagunas, florestas e dunas. Presença de barreiras visuais, ausência de frequentação nessa parte do parque.	*Playgrounds* infantis, restaurantes populares, lojas, placas de informação para os turistas (bilíngue português/ inglês).	Acesso a partir de uma avenida com quatro pistas à beira-mar. Belvedere e Terraço.	Candomblé, casa das Lavadeiras, organização de visitas guiadas para os turistas.
Parque Costa Azul	+++++ Hipervisível	Abertura visual máxima. Entre o mar e o parque o limite é estabelecido por um canal. Gradis nos limites com os bairros do entorno.	*Playgrounds* infantis, ciclovia e pista de *cooper*, anfiteatro, restaurantes com preços elevados.	Acesso a partir de uma avenida à beira-mar, estética contemporânea, esculturas, pórticos.	Shows musicais no anfiteatro, feiras de artesanato.
Parque das Esculturas	+ Visibilidade difícil	Fechado por gradis monumentais com vigilância. Situado ao lado do Museu de Arte Moderna. Concebido como uma extensão visual do museu, as esculturas são dispostas ao ar livre.	Apresentado como complemento da visita ao museu, restaurante renomado à beira-mar.	Acessível a partir do centro, estacionamento para os visitantes, grande qualidade estética, antigo engenho de cana-de-açúcar.	Em relação direta com o Museu.

Nome do parque ou jardim	Gradiente de visibilidade	Abertura/fechamento do sítio Tratamento dos limites	Sinalização e equipamentos no sítio	Acessibilidade e tratamento estético	Manifestações, festas e visitação
Jardim dos Namorados	+++++ Hipervisível	Nenhuma barreira visual entre o parque e a avenida. Nenhuma barreira visual entre o parque e a praia.	Nome do parque inscrito sobre uma placa, *playgrounds* infantis, equipamentos esportivos, quiosques.	Acesso a partir de uma avenida à beira-mar, estética contemporânea, esculturas, pórticos.	Feira de artesanato.
Dique do Tororó	+++ Visível	Parque localizado no centro da cidade nas imediações de um estádio de futebol. Vegetação usada como elemento de favorecimento ou ocultação de visibilidade, a depender do local.	Restaurantes abertos sobre o lago, ciclovia e pista de *cooper*, *playgrounds* infantis.	Estátuas monumentais de nove orixás sobre o lago, tratamento paisagístico cuidadoso.	Candomblé, visitas turísticas, grande frequentação dos moradores dos bairros do entorno.
Parque de Pituaçu	+++ Visível para a parte com tratamento urbano e paisagístico — — A parte "natural" é ocultada ao olhar do visitante	No limite da avenida de quatro vias na beira-mar. Associado ao ateliê de um escultor de renome. Duplo fechamento através de gradis, fechado visualmente em relação aos bairros do entorno. Parte menos visível ocupada por formação florestal.	Sinalização espetacular, visível a partir da avenida à beira-mar, *playgrounds* infantis, quiosques, ciclovia, pedalinhos sobre o lago.	Entrada a partir do ateliê do escultor, escultura monumental do orixá Exu.	Lugar de culto do candomblé, visitação turística.
Parque da Cidade	+++ Visível	Abertura visual, cercado por gradis. Muro no limite interno com um bairro popular, tentativas de apropriação do espaço pelos habitantes.	Parque central, sinalização visível a partir do exterior, *playgrounds* infantis, quiosques, anfiteatro.	Acesso fácil a partir do centro da cidade, estacionamentos, estética cuidadosa, árvores frondosas e remanescente florestal.	Shows musicais no anfiteatro.

Elaboração: Francine Deloisy-Barthe e Angelo Serpa.

Constata-se, em primeiro lugar, que as famílias de baixa renda são ma-joritárias para o conjunto do município. Elas ocupam a maior parte da super-fície da aglomeração, com exceção daquelas áreas litorâneas situadas na porção sudeste e norte da península soteropolitana, onde se concentram as camadas da população de maior renda familiar.

O mapa com os responsáveis pelos domicílios mais ricos mostra uma distribuição concentrada em duas áreas, uma na parte litorânea atlântica sul e sudeste e outra – mais expressiva –, em torno do Parque de Pituaçu. A repartição das classes de renda mais alta, incluindo as classes médias, coincide exatamente com a localização dos projetos mais recentes de criação ou requalificação de parques públicos. Parques que passaram por processos recentes de reabilitação urbana como os de Pituaçu ou da Cidade encontram-se imediatamente próximos aos bairros considerados "nobres".

Mapa 1. Município de Salvador. Responsáveis por domicílios sem rendimento ou com renda até dois salários mínimos por setor censitário.

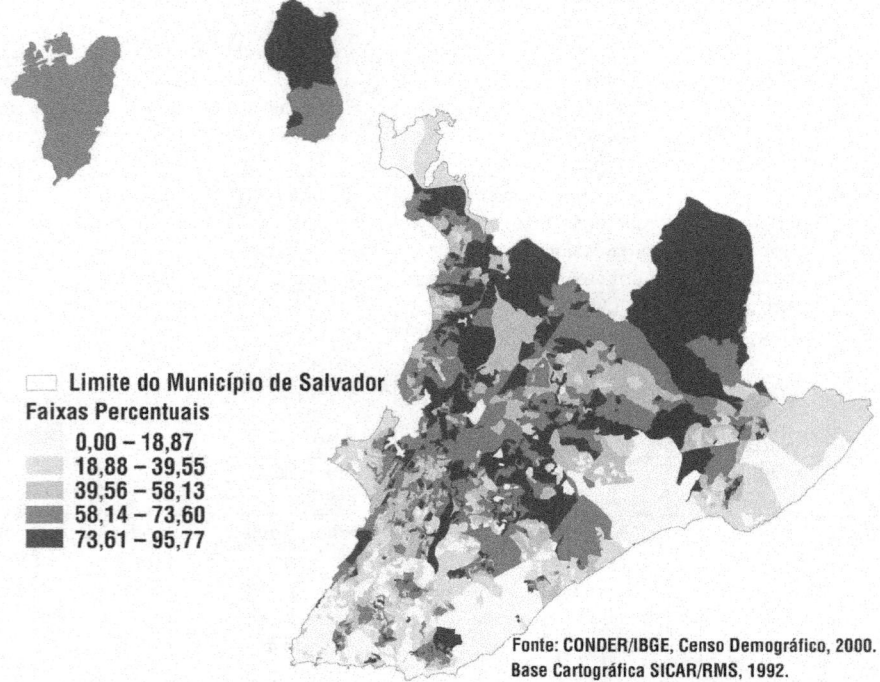

Limite do Município de Salvador
Faixas Percentuais
- 0,00 – 18,87
- 18,88 – 39,55
- 39,56 – 58,13
- 58,14 – 73,60
- 73,61 – 95,77

Fonte: CONDER/IBGE, Censo Demográfico, 2000.
Base Cartográfica SICAR/RMS, 1992.

Assim, fica evidente que projetos, programas e intervenções recentes foram realizados em função de estratégias de valorização do solo urbano, em bairros com maior concentração de população de melhor poder aquisitivo. Essas estratégias baseiam-se em um modelo ideal de cidade, onde a criação de espaços públicos, o "embelezamento urbano", entre outros, constituem estratégias de *marketing* urbano, de acordo com o paradigma de Barcelona. As opções de desenho urbano adotadas e a estética desses espaços reforçam seu caráter mercadológico. A observação *in loco* atesta a adoção de um partido, a um só tempo estético e comercial. O parque confere "identidade" ao espaço urbano, é uma "imagem" a ser exibida e consumida como qualquer outra mercadoria.

Mapa 2. Município de Salvador. Responsáveis por domicílios com renda acima de vinte salários mínimos por setor censitário.

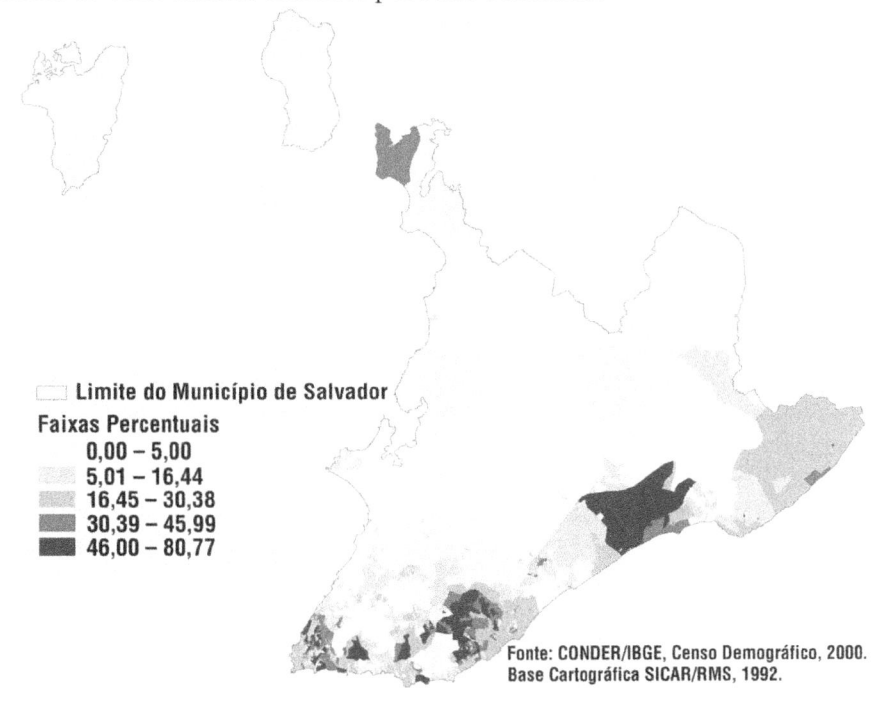

Limite do Município de Salvador

Faixas Percentuais
- 0,00 – 5,00
- 5,01 – 16,44
- 16,45 – 30,38
- 30,39 – 45,99
- 46,00 – 80,77

Fonte: CONDER/IBGE, Censo Demográfico, 2000.
Base Cartográfica SICAR/RMS, 1992.

Mapa 3. Sistema de Parques Públicos, Salvador, Bahia, 2006.

Fonte: Base Cartográfica 1992 – Conder. Elaboração Ana Rosa Iberti e Angelo Serpa.

Uma sinalização ostentatória para certos lugares

Os parques soteropolitanos são sistematicamente nomeados e seus nomes se inscrevem na paisagem urbana. Letras gigantes anunciam a entrada de todos os parques, sinalizando sua existência para os moradores e visitantes, para aqueles que circulam em automóvel ou a pé. Essa sinalização singular cumpre uma importante missão: fazer "aparecer" de modo ostentatório o parque público no contexto da cidade.

Outras técnicas reforçam essa estratégia de "visibilidade", consistindo, na maior parte dos casos, em evitar o máximo possível qualquer tipo de barreira visual. Assim, tanto o Dique do Tororó como o Jardim dos Namorados ou o Parque Costa Azul inscrevem-se na cidade, criando uma paisagem urbana onde a natureza ocupa grandes espaços. Isso, independentemente do que se passa no interior desses espaços, já que o usuário no interior do parque não deixa de estar também, e ao mesmo tempo, "dentro da cidade". Se nenhuma barreira visual cria rupturas com o horizonte urbano, se o anúncio da existência dos parques é feito através de uma semiologia eficaz, isso não impede seu fechamento, em particular no período noturno. É o caso do parque Costa Azul, bordeado por um canal e fechado também por grades monumentais (caso também dos Parques da Cidade e das Esculturas). O Parque de Pituaçu apresenta a peculiaridade de possuir um sistema duplo de fechamento com grades que não impedem a visão durante o dia, mas interditam a entrada durante a noite.

A acessibilidade e a proximidade de certos bairros colocam cada parque sob influência direta de "seu público" de vizinhança. Os usuários, como os parques, são submetidos a uma situação de "hipervisibilidade", decorrente, sobretudo, das estratégias de desenho utilizadas, que tornam os parques "transparentes". Cada parque possui um "valor" que se baseia no olhar, mas também no paladar, pois os parques em Salvador podem ser palco para um modo de consumo particular relacionado à alimentação. Uma singularidade dos parques soteropolitanos, em comparação aos parques franceses: em Salvador, praticamente todos os parques possuem ao menos um restaurante, enquanto a prática do piquenique – ao contrário da França – é praticamente inexistente. Tendo em vista esse modo de apropriação particular, compreende-se por que certas áreas dos parques soteropolitanos são acessíveis também durante a noite. Os restaurantes localizados nos parques também devem ser anunciados e sinalizados como qualquer outro tipo de serviço oferecido aos consumidores. Aqui, curiosamente, o parque serve, na sua integralidade, como chamariz, o que reforça e confirma a importância da sinalização ostentatória desses espaços no contexto urbano.

A mesma sinalização ostentatória pode ser observada, de uma maneira diferente, com relação aos signos identitários da cidade. O exemplo do candomblé ilustra bem essa particularidade. A prática da religião é presente em toda a cidade, sob formas as mais diversificadas: esculturas de orixás, nomenclatura etc. Nos parques mais centrais são várias as maneiras de ostentação desses símbolos religiosos e culturais: no Dique do Tororó, estátuas gigantes dos deuses africanos flutuam sobre o lago; em Pituaçu, uma gigantesca escultura de Exu marca a entrada do parque. Desse modo, a sinalização ostentatória contribui também para um processo de encenação e folclorização do candomblé, no contexto de requalificação dos espaços públicos da cidade.

A praia como referencial de "identidades urbanas"

– *A "hipervisibilidade" das praias centrais*

Como para os parques urbanos, pode-se também traçar um gradiente de "visibilidade" para as praias soteropolitanas, das "hipervisíveis", em geral bordeando o Oceano Atlântico, àquelas que gozam do *status* de quase "secretas", somente visíveis para os moradores dos arredores, banhadas pelas águas da Baía de Todos os Santos. Em geral, as intervenções concentram-se nos trechos mais centrais da orla atlântica.

Com 350 metros de extensão, as praias mais "centrais" da cidade também carecem de infraestrutura. Faltam sanitários públicos, a limpeza é precária e não há estruturas adequadas para a venda de comidas e bebidas. Mesmo assim, o trecho entre o Porto da Barra e o Morro do Cristo (incluindo a praia do Farol) é considerado o menos degradado na orla atlântica da cidade (Barra/Itapuã), com praias próprias para o banho. Nas praias da Baía de Todos os Santos, a situação é de evidente precariedade. Com exceção da praia de São Tomé de Paripe (a única urbanizada), as demais são consideradas impróprias para o banho e não possuem quaisquer projetos de urbanização a curto e médio prazos (*A Tarde*, 30/11/2003).

A primeira grande intervenção na orla marítima de Salvador aconteceu em 1983. De lá para cá, inúmeros outros projetos foram elaborados, mas não executados. São, em geral, intervenções pontuais, que não obedecem a um programa de ação continuada, como as intervenções no trecho Jardim dos Namorados/ Costa Azul e a iluminação do trecho Porto-Farol da Barra. Desde o verão de 1999, a cidade ganhou um trecho da orla marítima totalmente reurbanizado. Toda a área entre o Jardim dos Namorados e o Costa Azul, de 100 mil metros quadrados e com extensão de 1,5 quilômetro, recebeu novos equipamentos que devem servir como referencial para uma possível reurbanização completa de todo o trecho até Itapuã. Ao custo de R$ 5 milhões, o projeto incluiu ciclovias, quadras poliesportivas, quiosques, com melhorias nos sistemas viário e de circulação, e nova iluminação (*A Tarde*, 24/05/1998).

Confirmando a tendência de investimentos pontuais na orla atlântica, há ainda a iluminação das praias entre o Porto da Barra e o Farol, "inaugurada" em novembro de 1997. Como no Rio de Janeiro, a população (sobretudo das camadas de renda mais alta) se apropriou das praias como espaço de lazer noturno. Com investimento de R$ 608 mil, o novo sistema elétrico da Barra conta com noventa postes, cada qual com uma lâmpada de vapor de sódio (luz amarela) de 400 watts, voltada para a pista, e três refletores a vapor metálico (luz branca) de 1.000 watts, direcionados para a areia da praia. Essa ação integra o Programa de Recuperação e Eficientização da Iluminação Pública de Salvador, que o município vem desenvolvendo em parceria com o Estado e a Eletrobrás. Cerca de R$ 9,4 milhões serão destinados ao projeto (*A Tarde*, 10/11/1997).

Reproduz-se aqui a lógica da visibilidade, na qual projetos de iluminação e projetos piloto de reurbanização, ainda que pontuais, são executados apenas na orla atlântica da cidade em detrimento da orla suburbana. Em vista da precariedade da infraestrutura e das condições de balneabilidade nas praias da Baía de Todos os Santos, na orla suburbana, e da grande quantidade de linhas de ônibus ligando os bairros populares às praias da Barra, a única alternativa aos "bárbaros" é a "invasão" das praias dos "ricos", democratizando forçosamente a apropriação e o uso dessas nos finais de semana, quando os moradores dos bairros nobres abandonam suas praias e partem em direção àquelas localizadas mais ao norte da cidade, como Piatã, Stella Maris e Flamengo.

– As festas organizadas na praia

As festas – profanas e religiosas – podem acentuar a visibilidade de trechos de praias mais centrais (como a Festa de Yemanjá, na praia do Rio Vermelho), mas, ao mesmo tempo, podem subverter essa lógica, tirando da "invisibilidade" alguns trechos que não chegam a representar uma centralidade em termos de lazer para a cidade (como a Procissão Marítima do Bom Jesus dos Navegantes, na Baía de Todos os Santos).

Há um calendário de festas profanas e religiosas nas praias da cidade. As mais famosas são a Procissão Marítima do Bom Jesus dos Navegantes, no dia 1º de janeiro, e a Festa de Yemanjá, no dia 2 de fevereiro. Na manhã do primeiro dia do ano, uma galeota com a imagem de Bom Jesus dos Navegantes sai do II Distrito Naval, no Comércio, em direção à praia da Boa Viagem, numa procissão marítima que conta com a participação de centenas de embarcações. Os barcos singram a Baía de Todos os Santos para levar a imagem do santo da Igreja da Conceição da Praia para a Capela da Boa Viagem.

Realizada no Largo de Santana, no bairro do Rio Vermelho, a festa de Yemanjá deixou de ser simples devoção de pescadores para se transformar em evento turístico de sucesso. Ao longo do tempo, a festa vem reunindo filhas e mães de santo, babalorixás, pescadores, turistas e curiosos, que cantam e homenageiam Yemanjá, na maior manifestação pública do candomblé na cidade. Há decênios, a comunidade de pescadores repete o mesmo ritual, guardando em balaios oferendas, presentes e pedidos à rainha do mar, para, no final da tarde, serem jogados ao mar por um cortejo de embarcações festivas (*A Tarde*, 15/01/2002).

O Rio de Janeiro é a inspiração para organização do *Reveillon* no Farol da Barra, com montagem de um grande palco para apresentação de espetáculos musicais na passagem do ano. À meia-noite, como na capital carioca, fogos de artifício são lançados a partir de balsas estacionadas próximas à praia. Na praia do Porto da Barra, o Projeto "Pôr do Sol" faz sucesso com a apresentação de shows gratuitos nos finais da tarde do verão soteropolitano. No dia 31 de dezembro, a programação no Farol da Barra começa cedo, às 18h, com a presença das baianas de acarajé, para o ritual de "limpeza" com banho de folhas e pipoca. Em 2005, as apresentações musicais, para um público estimado de quatrocentas mil pessoas, contaram com a participação de Danilo Caymi e Jorge Aragão, além de atrações locais.

Distribuição e segregação das práticas sociais

O termo "espaço de natureza" é em si mesmo polissêmico e pode remeter a tipos diferentes de territórios. Distribuídos em todo o espaço urbano de Salvador, esses espaços assumem formas variadas, como as praias, os parques, os jardins públicos e as florestas urbanas (a área florestada do Parque Metropolitano de Pirajá é a segunda maior floresta em área urbana no Brasil, perdendo apenas para a Floresta da Tijuca, no Rio de Janeiro).

– Os lugares produzem públicos diferentes? As lógicas de apropriação social do espaço

A natureza nas cidades brasileiras, e em particular em Salvador, apresenta, do ponto de vista da apropriação social pelos habitantes, três características principais: ela é sagrada (para os adeptos e simpatizantes do candomblé), ela é festiva e ela é popular. Se os territórios da "natureza" no contexto urbano veiculam imagens e símbolos de pacificação social, graças muitas vezes a uma estética elaborada, a uma gestão e a um controle cuidadosos, como esses territórios são usados e apropriados? Como a distribuição dos parques públicos no tecido urbano não é organizada de modo aleatório, a segregação socioespacial acaba gerando problemas – sentimento de insegurança, de perigo – nos processos de apropriação social desses espaços. Quais são os conflitos de uso? De que modo são geridos esses conflitos?

– A apropriação dos espaços "visíveis"

Tidas como expressão do "sonho tropical da democracia", as praias no Brasil expressam, de modo geral, a apropriação seletiva e diferencial de espaços e territórios. Em Salvador, as praias do Porto e do Farol da Barra submetem-se também a "leis territoriais" específicas. Nada é exatamente prefixado, mas a apropriação diferenciada possui dimensões espaço-temporais que funcionam mais ou menos assim no Porto da Barra: das 4h30 às 8h da manhã é a vez do pessoal do *cooper*. Das 8h às 13h, o território é apropriado por aqueles que estudam ou trabalham em turnos. A partir das 13h, há uma mistura de turistas, desobrigados a ir trabalhar, "artistas", "poetas" e "curtidores", além dos aposentados (*A Tarde*, 10/01/1999).

A descrição do parágrafo anterior é adequada para os dias úteis, mas nos finais de semana a situação assume novos e diferenciados contornos, com a chegada de centenas de banhistas procedentes dos vários bairros populares da cidade. Os moradores das redondezas, usuários habituais do Porto, classificam o fenômeno como "invasão de bárbaros" e estranham os hábitos dos "invasores", que trazem comida e bebidas de casa, chegam de ônibus e em grupos "extrovertidos e barulhentos". A situação é a mesma para a praia do Farol da Barra, podendo-se afirmar que as praias nos finais de semana são territórios apropriados por classes sociais distintas, enquanto nos dias úteis são redutos dos moradores da Barra, de classe média e com perfil mais homogêneo, no tocante à formação escolar e à renda.

– Parque de Pituaçu
Criado pelo Decreto Estadual nº 23.666, de 4 de setembro de 1973, o Parque Metropolitano de Pituaçu reúne, em seus 450 hectares, uma exuberante vegetação nativa, remanescente de Mata Atlântica, associada com manguezais, restingas e brejos. O parque reproduz em sua extensão as contradições entre áreas visíveis e menos visíveis, o que pode ser constatado por aqueles que se aventuram pelos 18 quilômetros de sua ciclovia, margeando a lagoa existente. Para além da bonita e bem cuidada entrada principal, pode-se constatar a poluição em vários trechos do espelho d'água, proveniente da Favela do Bate-Facho, vizinha ao parque – uma densa vegetação aquática encobre milhares de metros quadrados do que um dia foi água limpa. Apesar desse grave problema, o parque abriga uma surpreendente biodiversidade, privilégio de poucas áreas urbanas de Salvador: 26 espécies de mamíferos, 113 de aves, 52 de répteis, três de anfíbios e seis de antrópodes (*A Tarde*, 08/02/1998).

O parque é aberto às 6h da manhã para quem vem usufruir de sua infraestrutura de lazer, que inclui uma ciclovia, um bicicletário e um lago com pedalinhos. Os atrativos incluem ainda bares e quiosques com comida e bebidas, *playgrounds* infantis, além do Espaço Mário Cravo, aberto à visitação, com esculturas do conhecido artista baiano. Além dos problemas de poluição e de degradação das áreas protegidas, a insegurança é motivo de queixa dos usuários. Partes inteiras do parque são tidas como "inseguras" e "perigosas", o que inviabiliza seu uso. Como no Parque da Cidade, o uso restringe-se às áreas com mais equipamentos, no caso do Parque de Pituaçu, toda a área voltada para o mar, distante das áreas vizinhas à Favela do Bate-Facho.

Na Favela, não há estrutura de saneamento e drenagem, nem posto policial. O acesso a essa localidade se dá pela Avenida Jorge Amado, fazendo com que o trecho permaneça praticamente isolado do restante do bairro de Pituaçu. Ao longo da Avenida Pinto de Aguiar, também vizinha ao parque, o cenário é bem diferente. É lá onde se localizam o *campus* da Universidade Católica, assim como o conhecido "trecho dos motéis". A pista é também caminho para o Estádio de Pituaçu e para um dos maiores hotéis das redondezas, o Bahia Sol Atlântico, além de prédios residenciais com bom padrão construtivo e bares que se tornaram pontos de encontro para jovens de classe média (*A Tarde*, 12/01/2002).

No interior do parque, essas clivagens sociais acabam por ser reproduzidas através do uso e da apropriação dos espaços, circunscritos às áreas mais visíveis e mais "seguras", de acordo com a percepção dos próprios usuários. Como em outros parques da cidade, o uso durante a semana é menos intenso, restringindo-se aos estudantes das escolas vizinhas e aos moradores dos bairros próximos. A proximidade de áreas como a Favela do Bate-Facho garante um uso mais "popular" dos equipamentos gratuitos, inclusive nos finais de semana, quando a área atrai moradores de bairros mais distantes, que, em geral, vêm de automóvel e usufruem também dos lazeres "pagos", como o aluguel de bicicletas e pedalinhos e o consumo de bebidas e lanches nos bares e quiosques existentes no local.

— Parque das Esculturas do Solar do Unhão

Salvador viu nascer, em janeiro de 1998, um novo parque temático, o Parque das Esculturas do Solar do Unhão, que foi concebido como um prolongamento a céu aberto do Museu de Arte Moderna. A intervenção na área foi iniciada com o cadastramento das cerca de oitenta famílias residentes no local e sua transferência gradativa para casas novas, no conjunto habitacional Jaguaribe I. Trabalhos de esgotamento sanitário, criação de caminhos, aproveitamento da topografia e recuperação dos arcos da avenida do Contorno foram sendo realizados até o momento da instalação das esculturas de artistas consagrados, como Carybé, Rubem Valentim, Sante Scaldaferri, Mário Cravo, Juarez Paraíso, Mestre Didi e Chico Liberato.

A primeira entrada recebe os visitantes com o gradil/portal de Carybé, cerca de vinte metros acima do nível do mar, dando passagem para a Esplanada de Acesso, de onde se desce para o Terraço de Exposições, continuando-se ao pé dos arcos, até alcançar o Pátio dos Restaurantes e, finalmente, o fim do percurso, com a Praça de Antônio Conselheiro. A outra opção é iniciar a visita pela parte interna do Solar do Unhão: uma passarela de madeira sobre pedras contorna toda a borda marítima do parque, a uma altura de 4,5 metros, conduzindo o visitante ao painel escultórico de Carybé.

Encravado na encosta da Avenida do Contorno e com uma vista deslumbrante sobre a Baía de Todos os Santos, o espaço reúne, além das esculturas, equipamentos como oficinas de arte, ateliês e uma sala especialmente climatizada para abrigar a obra do baiano Rubem Valentim. O parque abriga também os dois últimos trabalhos de Carybé: um portal de ferro e um painel de concreto aparente, além de surpreender o visitante com uma imagem de quatro metros do beato Antônio Conselheiro, instalado em um dos arcos do Contorno, uma obra marcante do escultor Mário Cravo.

Uma análise do perfil dos usuários mostra que o parque é muito bem frequentado por turistas, em geral "encantados" com a beleza natural da paisagem. Além dos turistas, a lista de usuários inclui ainda moradores do centro da cidade, sem muitas opções de lazer nas redondezas. Embora "central", o parque não é visível para muitos habitantes da cidade. Neste caso a acessibilidade e a distância não são apenas físicas, mas também de ordem simbólica, já que o espaço foi concebido como um prolongamento a céu aberto do museu, atraindo os frequentadores acostumados ao "consumo de obras artísticas".

O lugar é "invisível" para a maioria da população soteropolitana, que não dispõe de "capital escolar" para esse tipo de "lazer cultural", embora o acesso ao parque seja gratuito. Pode-se afirmar que as clivagens sociais ganham aqui *status* de "segregação social" ou mesmo de exclusão, já que mesmo os usuários das redondezas possuem perfil de classe média, característico dos bairros que margeiam o parque. A topografia do terreno contribui para a "invisibilidade" do lugar, tornando-o exclusivo para o uso de "iniciados".

A insegurança "impregnada"

Os parques e jardins públicos, independentemente dos valores e da imagem que veiculam, não estão excluídos da vida urbana e de suas tensões e conflitos. Alguns autores sublinharam o lado "mais sombrio" dos parques e jardins públicos. Pierre Sansot (1999) fala, por exemplo, do lado "maldito" do jardim. O jardim público é verdadeiramente uma clareira de quietude na selva urbana? Nada nos assegura isso... ele não escapa à violência... Ele também será o lugar, do mesmo modo que outros espaços urbanos, de delitos e incivilidades (Barthe, 2003). Por que ele estaria, afinal, a salvo das turbulências sociais?

No Brasil, especialmente nas grandes metrópoles, a onipresença do perigo, a possibilidade de agressões e de assaltos fazem parte da vida cotidiana. Em Salvador, as páginas do jornal *A Tarde* noticiam permanentemente a violência à qual os habitantes da cidade são confrontados regularmente. E, no entanto, uma visita aos parques e jardins públicos da cidade pode dar uma impressão completamente diferente ao usuário ocasional. Tudo transmite tranquilidade, tudo é meticulosamente cuidado e vigiado. O visitante estrangeiro não se sente de modo algum inseguro. É difícil acreditar nessa profecia generalizada para todos os turistas: atenção, aqui a vida não tem nenhum valor!

Nesses lugares, durante o dia e às vezes também durante a noite, por ocasião de um jantar em um dos restaurantes localizados nos parques, nada parece afetar a tranquilidade e a paz aparentes. O perigo não é tangível, embora a insegurança seja "real". Parece haver uma espécie de gradiente de "insegurança" para os parques públicos da cidade.

Uma primeira constatação se impõe: a insegurança, as incivilidades, o perigo não são verificados *in loco*. É a ausência de usuários e de passantes o melhor indicador dos lugares "inseguros". Alguns parques, como o de São Bartolomeu/ Pirajá, gozam de uma péssima reputação na cidade. Essas características são conhecidas do público usuário, se disseminam pelo "boca a boca" e são também mediatizadas pelos meios de comunicação, que noticiam saques ou assaltos (como, por exemplo, os saques que tiveram lugar no Parque de Pituaçu, afetando especialmente o funcionamento do Espaço Mário Cravo, durante uma greve da Polícia Militar).A proximidade de bairros populares ou sua distância das áreas mais centrais da cidade contribuem para confiscar desses lugares práticas espaciais ordinárias e cotidianas, tornando-os "repulsivos" ao uso. Apesar de se constituírem em superfícies verdadeiramente consideráveis, esses parques são abandonados pelos poderes públicos e evitados pelos usuários.

A consciência do perigo cristaliza a ideia de "impregnação", que se manifesta através de uma dinâmica que é a um só tempo espacial e temporal. Nós constatamos que alguns desses espaços públicos de natureza não são frequentados em qualquer hora do dia ou da noite. Os parques, em particular, transformam-se em "terras de ninguém" no período noturno. Isso é verdadeiro para todos os parques analisados, com exceção daqueles que possuem restaurantes abertos no período noturno; nesse caso, o acesso aos estabelecimentos se dá através de caminhos iluminados, onde a vigilância é permanente.

Assim, tanto o Dique do Tororó como o Parque Costa Azul são frequentados de dia e à noite. Vale ressaltar que somente aquelas áreas ou caminhos que dão acesso aos restaurantes são iluminados e vigiados, o restante do espaço permanecendo fechado e às escuras. Outros, como o Parque de Pituaçu, são totalmente fechados no período noturno e por isso não são utilizados. Um calendário de usos se esboça de uma maneira mais ou menos similar àquela observada nos parques franceses. Certos dias são mais propícios à frequentação, os fins de semana, por exemplo, mas durante a semana, quando o público é menos numeroso, os usuários não se distribuem de maneira aleatória no espaço. Em Salvador, evita-se os recantos vegetados, bosques e florestas, mais que nos parques franceses.

As lógicas de apropriação do espaço dos parques traduzem de modo mais visível a noção de perigo. No Parque da Cidade, por exemplo, sabe-se que não se deve andar por determinados caminhos e que se pode circular em outros. Esse grande parque está localizado na interface de dois bairros. Em um de seus limites situa-se um bairro de perfil nitidamente popular, do outro lado, um bairro verticalizado, com população de renda mais alta. Durante a semana, o parque é pouco utilizado, com exceção de uma alameda que, passando pelo parque, faz a ligação entre o bairro popular e as avenidas com paradas de ônibus que dão acesso ao centro da cidade. Chama a atenção do visitante um uso tão intenso de determinado caminho, enquanto a maior parte do parque encontra-se vazia de usuários e passantes. O parque representa, portanto, uma área de passagem para os habitantes do bairro popular vizinho a ele. Nada de original se pensamos no mesmo tipo de uso, tão comum nos parques parisienses. Mas, no que concerne aos não iniciados, não se deve utilizar esse caminho. Um vigilante armado cuida de avisar aos visitantes que evitem caminhar por ali, pois o perigo de ser assaltado é "grande"!

Essa experiência confirma a dupla ambiguidade presente nos parques soteropolitanos: de um lado, todos os sinais visíveis e aparentes desconstroem a ideia de perigo (tudo parece calmo e em ordem, há vigilantes, o parque parece cuidado, algumas pessoas circulam tranquilamente etc.), mas, por outro lado, os moradores internalizaram um sentimento de insegurança, evitando a utilização do lugar. Essa especificidade, ligada à ameaça permanente de agressão, limita a liberdade de ação, não se pode ir a qualquer lugar, a qualquer hora. A natureza e, em particular, os parques e jardins públicos vão sendo confiscados ao uso e às estratégias de apropriação social dos diferentes agentes e grupos.

Nota

[1] Este capítulo foi escrito em coautoria com Francine Deloisy-Barthe, doutora em Geografia, mestre de conferências na Universidade Jules-Verne-Picardie e membro do Laboratório Espaces et Cultures, Paris IV-Sorbonne.

TURISMO E ESPETACULARIZAÇÃO

No período contemporâneo, o "consumo cultural" parece ser o novo paradigma para o desenvolvimento urbano. As cidades são reinventadas a partir da reutilização das formas do passado, gerando uma urbanidade que se baseia, sobretudo, no consumo e na proliferação (desigual) de equipamentos culturais. Nasce a cidade da "festa-mercadoria". Essa nova (velha) cidade folcloriza e industrializa a história e a tradição dos lugares, roubando-lhes a alma. É a cidade das requalificações e revitalizações urbanas, a cidade que busca vantagens comparativas no mercado globalizado das imagens turísticas e dos lugares-espetáculo.

Essas mutações estão longe de se concretizar completamente, mas as tendências concernentes às atividades e aos equipamentos culturais nas cidades contemporâneas já são mais do que visíveis ao redor do mundo. Esses equipamentos propõem aos usuários/espectadores/turistas/visitantes lugares programados e sem surpresas. Jean-Pierre Augustin (1998) observa que as manifestações se organizam evitando os imprevistos e os excessos, impondo uma nova temporalidade, útil às exigências do espetáculo. As relações entre os usuários são regidas por códigos predeterminados. Esses códigos vão favorecer ao mesmo tempo novas sociabilidades temáticas (esportes, shows) e de proximidade, atuando como agentes de "pacificação social".

Na França, um dos principais destinos turísticos do mundo, os pátios das igrejas, dos castelos e das fortificações tornam-se lugares privilegiados e cenários naturais para a realização de espetáculos musicais e teatrais, com a participação, não raro, das populações locais em costumes "de época". A estação de festivais de teatro de rua no país se inicia em Bourges para terminar em Aurillac, passando por Annonay,

Châlon-sur-Saône, Belfort, La Rochelle e Nyons. A dimensão popular dessas manifestações culturais se opõe ao caráter "tecno-científico" dos modernos complexos culturais (teatros, salas de concertos e óperas, cinemas *multiplex*), mas ambos participam da instrumentalização cultural da cidade contemporânea. Desse modo, a cidade-festiva vai substituindo pouco a pouco a cidade-máquina, transformando todo o espaço urbano em equipamento cultural (Augustin, 1998).

Em cidades como Salvador tudo vai sendo organizado para tornar-se espetáculo em prol do incremento da atividade turística. Reproduz-se a velha lógica de concentrar os lucros nas mãos de poucos empreendedores e de empregar a população local em funções subalternas, sem programas efetivos de qualificação de mão de obra ou de estímulo às microempresas do turismo. Isso ocorre tanto no centro antigo – agora transmutado em "centro histórico", inserindo-se como "memória", nos circuitos da indústria da cultura e do turismo[1] – como nos municípios praianos da região metropolitana. É um turismo majoritariamente financiado pelo Estado, em parceria com o Banco Interamericano de Desenvolvimento, caracterizando uma prática "dependentista" em relação aos organismos financiadores internacionais (Queiroz, 2002). O discurso é sempre o da geração de empregos e do planejamento estratégico, baseado na parceria público-privado.

Em sua dissertação de mestrado, Clímaco Dias (2002) mostra que os empregos gerados no Carnaval de Salvador são, em sua maioria, precários e mal remunerados. Cinquenta mil trabalhadores exercem função de cordeiros,[2] recebendo entre 8 e 12 reais por dia trabalhado. Um contigente ainda maior de catadores de lata precisa recolher em torno de 60 latas para alcançar um quilo, pelo qual são pagos de 1 a 1,5 real. Em contraponto a isso, um cantor ou cantora de fama regional ou nacional recebe, por dia de apresentação, algo entre 100 mil e 150 mil reais.

O autor cita dados relativos ao carnaval de 2001 para mostrar que 79,41% dos empregos gerados no carnaval são ocupados pelas camadas mais pobres da população, representadas pelos cordeiros, seguranças de bloco, catadores de lata, ambulantes, barraqueiros e baianas de acarajé, mas apenas 5,13% dos lucros gerados nos negócios realizados no período momesco são apropriados por esses segmentos. Em 2001, o Carnaval de Salvador movimentou, segundo a própria EMTURSA (Empresa Municipal de Turismo do Salvador), mais de 500 milhões de reais.

Portanto, a cidade-festiva que se reinventa para o espetáculo e para o turismo, prepara uma "festa" centralizadora e concentradora de renda. Nasce a "festa-mercadoria", que nega a invenção lúdica e vai transformando história, cultura e tradição em divertimento e lazer. Para Lefebvre (1991), não há nenhuma dúvida de que a sociedade de consumo produz centros de lazeres, caracterizando cidades de luxo e de prazeres. Nessas cidades, o domínio prevalece sobre a apropriação, negando a possibilidade do lúdico no espaço urbano, agora instrumentalizado para o turismo e a diversão programada e previsível.

Cinco processos fundamentais vão atuar no desenvolvimento e no planejamento dessas cidades "reinventadas": a mobilidade acelerada, a multiplicação dos meios de comunicação, a perda de consistência do espaço social – que se transforma paulatinamente em espaço de percurso entre os diferentes lugares urbanos –, o aumento do desemprego e a diminuição dos empregos ditos produtivos, bem como o surgimento de uma nova consciência de "multipertencimento" a diferentes lugares e grupos (Augustin, 1998).

Nos países centrais esses processos vão favorecer a emergência de um novo urbanismo de redes em oposição ao urbanismo de zonas, do período precedente. Uma mutação que determina novas práticas de planejamento urbano, em que as noções de redes, nós e conexões tornam-se essenciais. Ao mesmo tempo, as atividades terciárias, ligadas à pesquisa, ao ensino e à cultura passam a ser mais valorizadas, fazendo surgir novas necessidades de intercâmbio entre os indivíduos. Surge uma urbanidade fundamentada principalmente no consumo, formada de novas territorialidades mais fluidas e maleáveis.

O patrimônio que se torna "cenário" para a festa

São justamente os países centrais, através dos organismos multilaterais e do fluxo de turistas, que vão ditar "regras internacionais" para a conservação patrimonial. Em Salvador, cidade com mais de quatro séculos e meio de história, pode-se dizer que a preservação do patrimônio construído obedece a regras genuinamente internacionais. Aqui, não é a história do lugar que é preservada, mas um modelo universal de "história dos lugares".

A conservação patrimonial internacional produz uma estética urbana "exibicionista" para o turismo, numa tentativa de objetivar a "beleza da cidade" para o consumo cultural. Contraditoriamente, este modelo de conservação vai tornando as cidades cada vez mais parecidas, contribuindo para a homogeneização dos lugares, operacionalizando o padrão Unesco em contextos culturais absolutamente diversos. A singularidade cede espaço ao modelo internacional, institucionalizando a museificação das cidades ao redor do mundo.

Para Henri-Pierre Jeudy ("A cidade não é museu", 2002), o poder exagerado da estética vai culminar em uma negação da ética de uma cidade. Assim, com o tempo, o patrimônio "reinventado" para o consumo turístico acaba recuperando sua historicidade perdida. No Pelourinho, por exemplo, já é visível a deterioração das fachadas, como se a cidade estivesse vingando-se dessa imagem produzida para o turista. Para Jeudy, não se pode esquecer o fato de que há um poder da própria cidade, que também produz sua própria estética.

No Pelourinho, planeja-se a sétima etapa de requalificação do centro histórico, iniciada no começo dos anos 1990, pelo governo do estado, com financiamento do Banco Interamericano de Desenvolvimento. Dados indicam que 95% da população original já foi realocada para bairros periféricos ao longo da última década. Na execução da sétima etapa não tem sido diferente: as famílias vêm sendo transferidas para os condomínios Moradas da Lagoa II e Jardim Valéria II, construídos pela Companhia de Desenvolvimento Urbano do Estado da Bahia (Conder), no bairro periférico de Coutos. Alguns moradores resistem e desejam permanecer na área. O Ministério Público foi acionado e ajuizou uma ação na 7ª Vara da Fazenda Pública, tentando manter as famílias no centro histórico.

No jornal *A Tarde*, de 28 de janeiro de 2004, uma matéria compara o discurso do governo do estado, antes e depois da captação dos recursos do BID. Segundo o jornal, a transferência do dinheiro só acontecerá caso a Justiça não considere a hipótese de assepsia social defendida pelo Ministério Público e embargue as realocações. Para ser contemplado com os recursos, intermediados pelo Ministério da Cultura, o governo do estado não mediu esforços nem promessas no tocante à população residente no Pelourinho. No documento enviado pela Conder ao BID lê-se, por exemplo:

> Neste processo não deve ser deixado de lado o elemento humano que ali vive e trabalha. A 7ª etapa precisa de mudanças que tornem mais digna e sustentável a vida de seus habitantes, permitindo que eles participem dos benefícios dos impactos positivos do processo de desenvolvimento econômico.

Entre os moradores, 70% declaram ter mais de cinco anos nos imóveis, 89% das crianças frequentam a escola, 80% gostariam de comprar o imóvel no centro histórico, 56% afirmam fazer uso residencial e misto dos imóveis e 90% declaram que preferem receber indenização a ir para Coutos. Na Manifestação do Governador, na Ação de Inconstitucionalidade nº 38148-7/2002, é evidente a mudança do tom do discurso em relação aos moradores da área:

> Os moradores não se vestem de forma típica, de baianas ou pais de santo. Vestem-se com roupas que conseguem a maior parte de andrajos. Tampouco criaram dialeto, mas falam simplesmente errado, arremedo de uma língua que desconhecem. (*A Tarde*, 28/01/2004)

Indiferente ao drama dos moradores, a página da BID América, a revista do Banco Interamericano de Desenvolvimento, descreve assim a "vida noturna" do Pelourinho: "À noite, as pessoas ficam por ali, fascinadas pelos sons de música que vêm dos bares e palcos ao ar livre. Os ritmos são contagiantes e grupos de pessoas espontaneamente começam a dançar nas ruas quando os conjuntos tocam". O Banco orgulha-se dos cerca de US$ 50 milhões investidos ao longo de oito anos no programa de requalificação da área, que incluiu a restauração de oito igrejas históricas e a construção de um grande parque de estacionamento. O empréstimo do BID, de US$ 400 milhões, aprovado em 1994, deu-se no contexto de um programa de turismo abrangente, o Plano de Desenvolvimento do Turismo no Nordeste (Prodetur-NE), que investiu em obras de infraestrutura, principalmente em projetos de melhoria dos cinco aeroportos mais importantes da região, bem como das vias de acesso às principais áreas turísticas.[3] Na mesma página, o Secretário de Cultura e Turismo do Estado declara enfático:

Esta área hoje está produzindo empregos e se transformou num ponto social central para a cidade. Além das lojas, restaurantes, galerias e outros negócios que se instalaram, temos um programa chamado Pelourinho Dia e Noite, que patrocina mais de 1.000 concertos, peças, leitura de poemas e outros eventos artísticos por ano.

A distribuição de projetos e recursos financeiros do Prodetur-NE nas regiões de desenvolvimento turístico da Bahia demonstra que o governo baiano está investindo, sobretudo no turismo de massa, especialmente em obras de infraestrutura urbana e de transportes aeroviários, o que em última instância vai favorecer um turista de médio e alto poder aquisitivo, bem como os empreendimentos privados de grande porte. São exemplos de projetos em andamento ou concluídos: a Marina Riverside (US$ 12 milhões), o Porto Busca Vida Resort (US$ 30 milhões), a Salvador Bahia Marina (US$ 20 milhões), o Vela Branca Hotel (US$ 11 milhões) e o Parque Aquático *Wet´n Wild* (US$ 19,5 milhões). A curtíssimo prazo, esses projetos fazem crescer as oportunidades de empregos com as obras, mas, na ausência de capacitação profissional, dificilmente a população local vai conseguir manter seus níveis de salários com a conclusão dos projetos (Silva, 1999).

O que uma festa-show pode esconder. A comemoração dos 500 anos da chegada de Américo Vespúcio à Baía de Todos os Santos

Quinta-feira, 1º de novembro de 2001: a prefeitura de Salvador comemora com uma festa-show organizada pela EMTURSA o aniversário dos 500 anos da chegada do italiano Américo Vespúcio – a serviço da Coroa portuguesa – à Baía de Todos os Santos. No mesmo dia, o jornal *A Tarde* anuncia na manchete do Caderno de Economia: "Desemprego fica ainda maior em Salvador". E, na matéria de capa do Caderno Dois, do mesmo jornal, Gal Costa, a principal estrela do show oficial em homenagem à Baía, declara: "Nunca mamei nas tetas do governo. Todos aqui fazem shows públicos, promovidos pelo governo, e ninguém é cobrado". Os dois fatos estão relacionados, explicitando as contradições da festa e levando ao questionamento da comemoração. Afinal, haveria mesmo o que se comemorar?

O aumento do desemprego com certeza é um fato lastimável, ainda mais que Salvador e sua Região Metropolitana lideravam naquele ano as estatísticas de desempregados entre as maiores cidades do país: 27,5% da população economicamente ativa. Segundo dados do IBGE, em agosto daquele ano, o número de desempregados na Região Metropolitana de Salvador era de 110.079 pessoas. Já a Baía de Todos os Santos, motivo das comemorações oficiais, berço da nação brasileira e maior baía do país, continua sofrendo as agressões costumeiras, como o despejo de resíduos industriais, a pesca predatória com bombas e as consequências do processo de expansão urbana. A partir da década de 1970, com a consolidação do Centro

Industrial de Aratu, a Região Metropolitana de Salvador passou a abrigar inúmeras fábricas, que tinham nos estuários dos rios e no interior da Baía o local de despejo de dejetos poluentes com resíduos de mercúrio, cobre e zinco.

A Enseada dos Tainheiros apresenta sérios problemas de acúmulo de metais pesados e a Baía de Aratu acumula altas concentrações de cobre e cloro em seus sedimentos. Técnicos do Centro de Recursos Ambientais – órgão estadual de proteção e controle ambiental – reconhecem que não se pode sequer dragar a Enseada dos Tainheiros, para não revirar o solo do fundo do mar, e que, mesmo com a retirada de algumas indústrias do entorno da Enseada, o local ainda guardará por muitos anos os efeitos nocivos da poluição provocada pelas descargas das fábricas (*A Tarde*, 04/06/1999). Isso, mesmo com o monitoramento diário da Refinaria Landulpho Alves e da Dow Química, responsáveis por 99% dos lançamentos industriais na região.

Apesar de tudo, há quem se declare otimista com o futuro da Baía, hoje uma área de proteção ambiental (APA). O diretor da APA, à época dos festejos, embora admita que ainda se lide com a Baía de Todos os Santos como um bem inesgotável, acha que a comemoração dos 500 anos representa um marco na mudança do paradigma de utilização. Segundo ele, "sempre se fala que a Baía está poluída, mas não é bem assim. Considerando que é a maior do Brasil e tem 500 anos de presença de civilização, ela é bem preservada" (*A Tarde*, 01/11/2001). Na "boca de cena", alheia aos problemas ambientais da Baía, a festa-show contou, além da cantora Gal Costa, com a presença de duzentas garotas e garotos do Coral Infantil da Cidade do Salvador e duzentos tambores de entidades afro-brasileiras da capital baiana. Uma arquibancada para o público foi montada na rampa do Mercado Modelo. Não foram divulgados os custos da festa, nem os valores dos cachês pagos aos participantes.

Carnaval e mudança

O carnaval de Salvador é uma das maiores festas de rua do país, mas o caráter popular da folia momesca parece estar com os dias contados, com a valorização do circuito Barra-Ondina (na orla atlântica da cidade), em detrimento do velho centro, onde o Carnaval já experimentou dias melhores. Com a proliferação dos blocos de trio e dos camarotes (ambos pagos), o "folião pipoca"[4] tem que disputar o cada vez mais exíguo metro quadrado da rua com os cordões de seguranças, os ambulantes e as barracas dos comerciantes da folia.

Para Rosalina Batista Braga (1994), a rua é o espaço do poder no Carnaval, já que, em Salvador, sempre se caracterizou como uma "festa do povo". Segundo Braga, os muitos problemas existentes na sua organização tomam o caráter de um conflito pelo controle do espaço e do tempo. De onde vai sair cada bloco, qual vai ser o trecho principal do desfile, qual vai ser o tempo e o espaço que cada bloco afro vai ocupar na rua, qual o espaço dos trios elétricos? Como vão se relacionar, no tempo e no espaço, os trios, os blocos e os afoxés?

Algumas pesquisas desenvolvidas na Universidade Federal da Bahia – como as publicações *Seminários do Carnaval* I e II, editadas pela Pró-Reitoria de Extensão da UFBA, em 1997 e 1998 – mostram que o Carnaval é, sobretudo, uma atividade econômica que movimenta volumes significativos de capital e serve como fonte de emprego sazonal para uma parcela não desprezível da população soteropolitana. Os lucros com a folia estão ficando, porém, cada vez mais nas mãos de menos gente. Ambulantes de rua estão sendo obrigados, por exemplo, a pagar 57 reais de taxas para a Prefeitura Municipal, pelo simples credenciamento e direito a comercializar seus produtos durante a festa. As barracas para comercialização de bebidas e alimentos também se tornaram mais caras e em menor número. Pequenos comerciantes, que sempre participaram da festa, reclamam que as barracas viraram negócio para (alguns poucos) grupos de grandes empresários.

O crescimento do circuito Barra-Ondina surgiu da necessidade de descentralizar o Carnaval, para "desafogar" as áreas centrais da cidade; mas, com o crescimento da festa, volta-se a falar em novas áreas, como o bairro de Piatã ou a Avenida Paralela. A atuação do poder municipal na organização geral do Carnaval e na sua distribuição no espaço da cidade é um fato evidente. Refletindo a falta de canais de participação popular na administração municipal, o que se vê, em relação à folia momesca, é um modo autoritário de gestão do espaço público, privilegiando grandes blocos e trios. O Carnaval – como no Rio de Janeiro – se "espetaculariza", perdendo seu caráter de festa popular e virando atração turística, que mobiliza, a cada ano, centenas de milhares de turistas nacionais e estrangeiros.

Enfrentando as fortes chuvas do final da manhã da segunda-feira do carnaval de 2000, a Mudança do Garcia manteve a tradição e desfilou nas ruas do bairro de mesmo nome, assim como no circuito principal da folia baiana, no Campo Grande. À noite, o Telejornal BA-TV, da Rede Bahia (afiliada da Rede Globo), não poupou críticas à Mudança e, em editorial sisudo e de modo algum compatível com a irreverência da festa, deu o recado da oficialidade: como sempre "atrasados", as 17 carroças do cortejo teriam "atrapalhado o desfile dos blocos, não respeitando o cronograma do desfile".

Mais afinado com o espírito da folia, o jornal *A Tarde* descreveu o espaço da Mudança como "democrático", observando que a agremiação não perdeu seu brilho naquele carnaval, quando completava cinquenta anos de existência (*A Tarde*, 08/03/2000). Como nos carnavais de outrora, a crítica política foi enfatizada, com a inclusão do bloco Os Condenados – formado por funcionários públicos – no cortejo; a Mudança deu espaço também aos Sindicatos da Polícia Civil e dos Professores, que criticaram o "salário virtual" do servidor público estadual.

Marcada pela irreverência e pelas manifestações espontâneas dos participantes, a Mudança aparece todos os anos como um interessante contraponto ao Carnaval do espetáculo e da privatização do espaço público da cidade, com o absoluto prevalecimento dos blocos de cordas e dos camarotes das "personalidades". "Está difícil até de ver o trio elétrico passar!", declara contundente a comerciária Roberta

Aragão, em depoimento ao repórter Marconi de Souza, no jornal *A Tarde*, de 5 de março de 2000. A mesma reportagem mostra que somente a Empresa Salvador Toldos havia instalado, no Carnaval de 2000, 240 camarotes, 180 barracas e 32 mesas de pista. Das 3,7 mil vagas das arquibancadas, apenas 1,2 mil foram vendidas a preços populares. Instalados nas pequenas ruas transversais dos circuitos, os ambulantes reclamavam da atuação da prefeitura, que os queria escondidos "debaixo do tapete", para que nem os turistas, nem as televisões registrassem sua presença.

Mas, afinal, por que a Mudança do Garcia incomoda tanto à oficialidade? Surgida no interior de um bairro que ainda guarda aquela identidade intersubjetivamente aceita pelos seus moradores e pelos moradores dos outros bairros da cidade, de que fala Marcelo Lopes de Souza (1989), a Mudança parece mostrar que grande parte da população soteropolitana ainda resiste à privatização da folia. A afeição e o apego pelo/ao bairro (que Souza chama de "bairrofilia") reflete-se aqui na manutenção das tradições populares, numa espécie de "grito de resistência".

Grito de resistência que aparece também no bairro do Curuzu, com o bloco afro Ilê Ayê, cuja "saída" é, a cada ano, mais disputada, não só por turistas, mas também por soteropolitanos que veem ali algo de "mudança". Algo, aliás, muito diferente dos "carnavais de bairro" estimulados pela oficialidade, como forma de manter os habitantes dos bairros populares longe dos circuitos principais da folia. Em uma cidade onde grande parte da população anda a pé, por falta de recursos para utilizar o transporte público, os "carnavais de bairro" bem que poderiam ser rebatizados de "carnavais do cárcere", para uma população prisioneira da miséria e dos maus-tratos.

"Festas-mercadoria" para o consumo cultural de massa

Os exemplos analisados neste capítulo apontam para uma "espetacularização" crescente do espaço público na cidade contemporânea, transformando as festas e manifestações populares em "festas-mercadoria" para o consumo cultural de massa. Em Salvador, o processo de folclorização da maioria das festas populares segue o caminho da "retradicionalização" ou da "modernização" por intervenção direta do mercado ou do Estado. É possível que no futuro todas as manifestações populares da Bahia estejam estatizadas, preservadas ou resgatadas "pelos cuidados da EMTURSA e BAHIATURSA" (Albergaria, 2003).

Nesse contexto, a Bahia e sua capital transformam-se em produtos turístico-publicitários, com a distribuição desigual e segregadora de equipamentos culturais no tecido urbano-regional. Assistimos à emergência de um "novo" Carnaval – Carnaval espetáculo das TVs, Carnaval negócio pré-organizado dos blocos, Carnaval público do Pelourinho, para idosos e famílias (Albergaria, 2003) – e de "novas" tradições reinventadas a cada dia para um consumo turístico cada vez mais segmentado e diferenciado.

É um consumo de classes médias urbanas com "capital escolar" elevado, norteado por uma "conduta de acumulação", baseada, sobretudo, na sensação da "descoberta". Busca-se tudo aquilo que pode ser assimilado nas tradições locais e regionais, a fim de confirmar sua própria identidade cultural de classe. É uma lógica homogeneizante, que exprime uma posição "de força", afirmando a universalidade dos valores culturais das classes médias urbanas, apropriando-se de tudo que parece digno de ser extirpado das classes populares, num processo de "vampirismo cultural". Na verdade, são as classes médias cultivadas os "clientes" privilegiados dos equipamentos socioculturais, concebidos por elas e para elas, que são, ao mesmo tempo, os criadores, os gestores e os usuários dos espaços públicos urbanos, definindo e garantindo, através da apropriação social e espacial, sua identidade e seu poder.

Os objetos socioculturais podem originar dois efeitos em termos de apropriação: efeitos de classe (segmentação) e efeitos de massa (transversalidade). Há espaços onde as diferenças individuais são ocultadas, minimizadas pela imposição de um modo de ser dominante, reafirmando a máxima de Le Corbusier, de que o código cria a norma. A questão fundamental é saber em que contextos a segmentação e a transversalidade atuam com mais intensidade, produzindo ou destruindo "identidades". Os espaços da cultura de massa são "campos transversais", ao mesmo tempo geradores e destruidores de "identidades".

Vista nesse contexto, a atividade turística faz com que as populações locais reinventem seu cotidiano, e, nessa reinvenção, a lógica da atividade turística se sobrepõe às tradições locais e à própria identidade dos lugares, impactados por novos valores, novos símbolos, novas referências e expectativas (Fonteles, 1999). São valores "transversais", mas, ao mesmo tempo, hegemônicos, já que são impostos por grupos sociais específicos com suas concepções próprias de "cultura". A conquista dos "espaços turísticos" se dá, em última instância, através de um processo seletivo de apropriação social e espacial.

Como resgatar, então, o sentido lúdico da festa, como proposto por Lefebvre, em espaços turísticos cada vez mais "transversais"? Como reconstruir a "centralidade lúdica" em espaços cada vez mais dominados pela troca e pela circulação? É o próprio Lefebvre quem propõe a proclamação do jogo lúdico como valor supremo, superando – ao reuni-los – os valores de uso e de troca, já que o centro urbano proporciona, para as pessoas da cidade, os encontros, o possível, o imprevisto e o movimento. Tem de ser um teatro espontâneo ou não é nada! Para o planejamento turístico, a questão central é a construção de uma transversalidade lúdica que respeite as diferenças, mas que não as reitere, reinstalando a segmentação. Vista assim, a cultura de massa poderia adquirir novos significados, extrapolando a adjetivação de standardizada, rudimentar, conformista e alienante, para ser entendida como uma chance para o resgate do sentido lúdico dos encontros e da festa.

Novas estratégias

Finalmente, depois de dois anos de embates na justiça, 103 famílias conquistaram o direito de continuar residindo nos imóveis que serão recuperados através da sétima etapa do programa de requalificação do Centro Histórico de Salvador. Serão aplicados 35 milhões de reais para restauração de 88 imóveis em oito quarteirões. Os investimentos foram anunciados no início de setembro de 2005, após reunião entre representantes do Banco Interamericano de Desenvolvimento, do Ministério da Cultura, da Caixa Econômica Federal, da Secretaria de Planejamento do Município e da Companhia de Desenvolvimento Urbano do Estado da Bahia.

Para o secretário executivo do Ministério da Cultura, não é desejável "que o local seja transformado em uma cidade cenográfica para turista ver, mas que tenha vida própria". A medida é inédita em Salvador e os moradores têm motivos para comemorar. "Agora temos a perspectiva de conseguirmos uma moradia melhor e num local onde nascemos e fomos criados", afirma Elisângela Nunes Mendonça, uma das diretoras da Associação dos Moradores do Centro Histórico (*A Tarde*, 03/09/2005).

Notas

[1] "Essa indústria encontrou 'seus parceiros' na velha elite patrimonialista e no setor imobiliário que viam, a contragosto, os novos usos que a 'sociedade de massa' estava impondo aos velhos espaços citadinos. É por isso que, estrategicamente, as políticas urbanas aparecem como requalificadoras daqueles espaços que pinçam aqui e ali 'produtos-obra' da história urbana, para que, como coisas, esses produtos sejam transfigurados em objetos começando a integrar novos circuitos de valorização" (Seabra, 2001, p. 81).

[2] O cordeiro tem a função de não permitir invasões na área do bloco de carnaval por qualquer pessoa ou grupo que não sejam seus associados (cf. Dias, 2002).

[3] Na Bahia, a região de Salvador é a campeã de investimentos, com 130 milhões de dólares e 6 projetos específicos (Silva, 1999).

[4] Denominação popular do folião que participa do carnaval nas ruas de Salvador sem pertencer aos blocos ou a grupos organizados (cf. Dias, 2002).

NATUREZA E INTERSUBJETIVIDADE

O que é natureza?

Quando falamos de "natureza", ainda sonhamos com imagens que raramente correspondem aos lugares e às paisagens cotidianas da cidade contemporânea. Como lugares "naturais" entendemos aquelas áreas que ainda não – ou não mais – desempenham funções dentro da divisão internacional do trabalho. Uma "natureza" assim simboliza de certo modo também culturas enraizadas nos lugares, em contraponto ao "falso progresso" de uma civilização que para muitos é vazia de sentido. Essa "natureza" idealizada é associada, em geral, a representações do "paraíso", à alegria, ao amor, à paz, à liberdade, ao mistério e, também, a um sentimento de patriotismo e de proteção (Wormbs, 1977; Hard, 1991).

O conceito de "natureza" perpassa os mais distintos campos disciplinares, da geografia ao urbanismo, do paisagismo ao planejamento urbano-regional. Especialmente no campo do planejamento urbano e paisagístico, o conceito de "natureza" é operacionalizado e manipulado através de estratégias ilusionistas, que priorizam as formas em detrimento dos conteúdos sociais inerentes a elas.

Geralmente, quando se trata de "natureza" na cidade, análises detalhadas da paisagem incluem, por exemplo, inventários minuciosos das formações vegetais, mas as análises das formações socioeconômicas – nas quais as paisagens naturais estão inseridas – nem de longe se aproximam das primeiras quanto ao grau de detalhamento e profundidade. Tomar de modo absoluto as ciências naturais como base para os estudos integrados da paisagem no contexto urbano, sem levar em consideração as necessidades e os interesses da sociedade, condenam ao fracasso as análises de cunho ambiental na contemporaneidade (Gröning; Herlyn, 1989).

Mas quais são afinal as necessidades e os interesses da sociedade contemporânea com relação à "natureza"? O que significa "natureza" para os indivíduos na atualidade? Não corremos sempre o risco de transformar essas necessidades em clichês para o consumo fácil e imediato, quando (ainda!) contrapomos de modo absoluto "natureza" e "cultura"? A manipulação de formas desprovidas de conteúdo nos projetos contemporâneos de requalificação urbana, paisagística e ambiental não seria também resultado da falta de canais de comunicação entre planejadores e leigos? Esse descompasso não conduz também a um empobrecimento da experiência e da percepção nos processos de apropriação social dos espaços de natureza na cidade contemporânea? (Nohl, 1988) Quando falam de "natureza", planejadores e leigos compartilham da mesma linguagem?

Essas questões devem servir de ponto de partida para a análise da dimensão subjetiva da "natureza" no contexto da cidade contemporânea. Neste capítulo, busco, através de estudos empíricos, explicitar as imagens permeadas de subjetividade da "natureza" na cidade, a fim de embasar a formulação de uma linguagem intersubjetiva no planejamento urbano, ambiental e paisagístico, uma linguagem que possa servir de base comum para planejadores e leigos, nos processos de produção do espaço urbano. Os exemplos aqui analisados foram aprofundados na minha tese de doutorado (Serpa, 1994a) e baseiam-se em quarenta entrevistas realizadas em parques, praças, jardins, florestas e áreas de lazer em Viena, Áustria. Planejadores urbanos e paisagistas, assim como usuários e leigos foram entrevistados a respeito de sua compreensão sobre a "natureza" na cidade e questionados sobre a dimensão subjetiva dos processos de apropriação social do espaço público na cidade contemporânea.

A ideia de que espaços "livres" urbanos podem gerar associações inconscientes (que por sua vez influenciam a relação homem-espaço) serviu de mote para o desenvolvimento de uma metodologia de pesquisa que valorizasse o caráter subjetivo das questões "perceptivas". Como captar experiências subjetivas de paisagem no decorrer de uma entrevista? Seria o espaço urbano um catalisador de experiências (arque) típicas de paisagem? Como diferenciar o pessoal do coletivo? Essas questões nortearam a análise das entrevistas realizadas no verão de 1992. Doze planejadores paisagísticos e um espectro de usuários das áreas verdes e de lazer da cidade (donas de casa, estudantes, aposentados, profissionais liberais etc.) responderam perguntas sobre experiências pessoais marcantes, relacionadas com arquétipos de paisagens e símbolos jungianos de transformação: árvore, pedra, fogo, terra, ar, água? Montanha, lago, deserto, prado, mar, floresta? Uma história marcante, uma experiência marcante de paisagem? E o parque ideal, como você o faria? O que significa "natureza"?

A natureza bela e intocada

Talvez se trate de uma ilusão, talvez não. Fato é que muitos leigos e usuários dos espaços públicos urbanos compreendem "natureza" como "natureza pura" ou "intocada". O significado desta "natureza pura" pode ser lido sem dificuldades nos depoimentos dos entrevistados. Se, por um lado, admite-se – embora com ressalvas – se tratar de uma ilusão, por outro lado, parece impensável a renúncia a essa utopia urbana:

> Eu desejaria uma natureza o máximo possível intocada, por outro lado, está claro para mim que isto é ilusório. Mesmo assim, penso que é importante que a sociedade cuide para não colonizar todo o Planeta, deixando a natureza sobreviver de forma mais pura em alguns lugares e regiões. (Sr. G., 34 anos, engenheiro e psicólogo)

É inevitável, portanto, a questão: não estaríamos dessa forma produzindo exatamente o contrário do desejado? Sob esse ponto de vista, enfatiza-se a oposição entre "natureza" e "cultura", relega-se a "natureza" a superfícies limitadas do Planeta, transformando espaços naturais em guetos "preservados". Assim, a "natureza" é considerada algo inconciliável com a experiência humana, devendo ser protegida das ações resultantes dos processos sociais, econômicos e políticos.

Os guetos de natureza preservada, no entanto, cumprem uma função importante na reprodução do sistema capitalista, a de servir às necessidades de descanso e lazer para os habitantes das cidades. Mas, o que se preserva de fato não é uma natureza intocada, mas uma natureza folclorizada, vendida e consumida como "natureza pura" (Wenzel, 1991).

Se prosseguirmos no questionamento sobre o significado da natureza na cidade, dando voz aos entrevistados, vamos nos deparar com novas percepções, que, no entanto, parecem enfatizar o valor subjetivo de uma natureza intocada:

> Não considero "natureza" uma cerca viva plantada ou um jardim, pois são produtos de uma vontade estética. Para mim, o que melhor representa a natureza são as formações dolomíticas ou as florestas tropicais. Essas paisagens são simplesmente belas para os olhos e possuem força própria. (Sra. T., 33 anos, assistente social)

Assim chegamos a uma "estética da natureza pura", à questão do belo "natural". A Sra. T. afirma que a "natureza intocada" possui beleza e força, uma cerca viva ou um jardim, não. Segundo Kant (1986), não pode haver regras objetivas relacionadas com o gosto, com o julgamento do que é belo, pois todo julgamento de gosto é estético, submetido aos sentimentos do sujeito que julga e não às características do objeto em si. A beleza de uma natureza intocada não é uma beleza desprovida de valor, mas uma beleza determinada pelo julgamento estético.

As paisagens vão ser percebidas aqui de acordo com um modelo do "bom" e do "correto", julgadas a partir de regras e critérios específicos. Estes não são regras e critérios de gosto, mas resultado da união entre o gosto e a razão, entre o "bom" e o "belo". A relevância estética da "natureza" e das paisagens "naturais" será então percebida a partir de um ato de reflexão humana, a partir do lugar que o sujeito que reflete ocupa em relação ao ambiente do qual é parte integrante.

A cidade é "natureza"?

"A cidade é algo natural, mas não é natureza". Com essa afirmação, a Sra. S. (21 anos, estudante universitária) acha que é "natural" que os seres humanos vivam em cidades, mas que estas representariam a negação da "natureza". Já a Sra. W. (62 anos, artista plástica) admite que ainda podemos reconhecer algo de "natureza" nas cidades, mas ressalva que esta seria uma natureza pré-formada e modificada pelos homens: *"De algum modo, as pessoas precisam viver juntas e o melhor exemplo disso são as cidades"*. Mas, para ela, os espaços urbanos – mesmo os mais "naturais" – não são capazes de suprir suas necessidades de "natureza".

Vistas assim, as cidades aparecem como o somatório de todos os males sociais e ecológicos. Só vive nelas quem nelas precisa viver, por razões econô-micas ou por uma espécie de "dependência" ou "necessidade", como grupos sociais específicos, estudantes, solteiros, alguns intelectuais ou artistas (Kienast, 1992). Assim, as pessoas parecem se conformar ou se adaptar aos "males urba-nos", tornam-se dependentes de um estilo de vida específico:

> Eu tenho a impressão de que só posso trabalhar em uma cidade. É mais fácil, porque é um universo conhecido para mim. Mas Viena para mim não é natureza, eu não sei como conciliar natureza e trabalho, é uma questão de sobrevivência! (Sra. B., 29 anos, professora primária)

A consequência imediata é a divisão entre o "mal urbano" e o "rural belo e natural", embora o maniqueísmo da divisão não impeça a compreensão da necessidade de existência das cidades. No entanto, parece difícil, para muitos, amá-las! A dicotomia "campo *versus* cidade" é vivida como uma contradição, um paradoxo, já que muitos entendem os espaços rurais como "natureza", em contraponto aos espaços urbanos.

> Quando estou em Viena, sinto-me parte integrante da cidade. Em uma cidade, as pessoas são mais urbanas, mais orientadas pelo consumo. No interior existem, é claro, cafés e restaurantes, mas não tenho vontade nenhuma de frequentá-los, para quê? Quando estou em casa, no interior, não vou ao cinema, embora exista um na cidade vizinha. (Sra. S., 21 anos, estudante universitária)

Assim, há uma divisão, internalizada pelo sujeito, entre dois mundos e dois estilos de vida. É como se o sujeito se partisse em dois, para corresponder a dois mundos distintos e que, ao que parece, não dialogam entre si. Um mundo onde as coisas e as pessoas permanecem "naturais" e "autênticas", e um outro onde prevalece a "urbanidade". No mundo urbano, o sujeito vai ao cinema, no mundo "rural e autêntico" o sujeito fica em casa.

A "natureza" dos planejadores e paisagistas

O Sr. P. (31 anos) acha que "natureza" tornou-se um conceito clichê e polis-sêmico, que pode abarcar e abranger uma multiplicidade de significados. Por isso, ele acha aconselhável que a operacionalização do conceito se dê sempre de forma contextualizada. Questionado sobre a "natureza" no contexto urbano, ele afirma:

> *Se procuro "natureza" na cidade, não encontro. A "natureza" na cidade é encenada, tanto faz se esta "natureza" estiver localizada no rio Danúbio, onde a dinâmica das águas não obedece mais aos ciclos naturais, ou em qualquer outro lugar num contexto assim.*

A Sra. D. (32 anos) considera "natureza" uma noção muito abstrata. Ela admite que sua compreensão de "natureza" é muito influenciada pela sua profissão e por sua atuação profissional como planejadora e paisagista. Em sua opinião, "natureza" representa sempre um contraste em relação à ação do homem. Já para a Sra. L. (37 anos), a "natureza" é tudo: *"Se penso o ser humano como parte integrante da 'natureza', então sua ação e os objetos produzidos através dela, por mais artificiais que possam parecer, são também 'natureza'"*. Por outro lado, a Sra. L. sente como *"uma verdadeira agressão"* as emissões dos automóveis no contexto urbano: *"Aí meu sentimento é de raiva e isso me incomoda bastante. 'Natureza' seria para mim o oposto disso, um lugar onde os ventos circulam e o ar que respiramos é puro."*

Para o Sr. K. (50 anos), a "natureza" é forte o suficiente para suportar as agressões humanas, por isso, *"as lamúrias dos ecologistas são simplesmente irritantes"*. Ele acha que a "natureza", independente da ação humana, sempre sobreviverá aos reveses impostos a ela e que não precisamos perder tempo nos preocupando com isso: *"Mesmo no caso de uma catástrofe nuclear, as plantas poderão sofrer mutações, mas certamente sobreviverão. Os seres humanos têm simplesmente medo de que algo de terrível aconteça durante sua curta permanência no Planeta."* Segundo ele, a "natureza" é tudo, está em toda a parte e é indestrutível.

A Sra. A. (41 anos) considera "natureza" um conceito escorregadio, *"é como a noção de universo ou de biótipo, um conceito vulgarizado pelo uso em demasia, mas que deve estar no centro das preocupações daqueles que trabalham com ciências naturais e sociais aplicadas"*. Pessoalmente, a Sra. A. entende "natureza" como o ambiente onde a sociedade está inserida, as cidades, as casas, até mesmo o asfalto são, em sua opinião, "natureza". Questionada sobre a utopia, compartilhada por muitos, da "natureza pura e intocada", a paisagista admite que *"talvez essa utopia expresse uma verdade, já que as pessoas leigas frequentemente sentem o mundo de modo mais intuitivo, se expressando de um modo mais espontâneo que os especialistas, mesmo a busca de clichês ou banalidades pode significar sabedoria"*.

Embora reconheça que os homens também produzem "natureza", o Sr. S. (30 anos) considera "natural" tudo aquilo que *"pode se desenvolver com autonomia"*, sem a interferência da ação humana. Questionado se os homens não seriam parte integrante da "natureza", o paisagista é enfático na negativa, não vendo nenhuma contradição entre sua opinião e sua atuação profissional:

> *Em todos os lugares do Planeta existem conflitos e lutas relacionados com os interesses de grupos e corporações por cada pedaço de terra. Como planejador e paisagista*

atuo como um advogado que zela pela qualidade do ambiente construído, para que existam lugares com espaços públicos vegetados e naturais, por exemplo. Por isso, vejo a ação humana como algo que ameaça a "natureza", embora reconheça que esse é um ponto de vista limitado e restrito.

Que consequências podemos tirar das opiniões expressas pelos profissionais entrevistados? Em primeiro lugar, o conceito de "natureza" é tratado pela maioria como uma noção abstrata e de cunho filosófico. Embora todos concordem com a centralidade da discussão proposta para o exercício profissional, não há consenso sobre a definição e a operacionalização do conceito de "natureza" no planejamento urbano, paisagístico e ambiental. A questão se a ação humana é parte ou não da "natureza" permanece para muitos sem resposta. O fosso entre a "natureza" idealizada e a "natureza" possível parece também muito grande para ser superado pelo exercício cotidiano da profissão.

Objetivos utópicos conduzem em geral ao agravamento dos problemas que se busca solucionar (Watzlawick, 1988). Tentar resolver uma dificuldade através de soluções utópicas pode ajudar a transformar a dificuldade em problema. Objetivos utópicos podem também contribuir para gerar frustrações e estranhamentos; portanto, entender a "natureza" como "natureza intocada" *tout court* significa, em última instância, declarar os seres humanos como não "naturais". A incongruência de uma ideia assim não pode ser questionada nem mesmo por aqueles responsáveis pela produção de tais utopias, já que homem e natureza são e serão sempre duas faces da mesma moeda.

Uma questão mais relevante diz respeito ao como intervir na "natureza" sem destruí-la ou comprometê-la de modo irreversível. Encarar *a priori* os seres humanos como "destruidores da natureza" implica sempre uma política de preservação/conservação que exclui a possibilidade da ação humana, o que não parece solucionar o problema colocado, mas apenas agravá-lo, gerando, inclusive, um paradoxo (e um novo problema), já que obriga os seres humanos a resguardarem a "natureza bela e intocada" de sua própria ação!

A produção de uma linguagem comum

As experiências e vivências podem ser classificadas de diferentes maneiras através da linguagem. Se o objetivo é buscar novas diretrizes para o planejamento urbano, paisagístico e ambiental, planejadores e usuários devem encontrar convergências nas linguagens que professam.

Mas as linguagens faladas por leigos e profissionais apontam mais para divergências do que para convergências, já que cidadãos comuns parecem nortear sua ação pelas experiências cotidianas, enquanto os planejadores (salvo raras exceções) baseiam sua ação em conceitos abstratos, distantes das experiências cotidianas e banais. Muitas vezes, isso é consequência direta de uma formação profissional unilateralmente "científica" e "técnica", que desvaloriza a subjetividade dos sentimentos e emoções.

Essa formação técnico-científica unilateral parece comprovar a crítica formulada por Paul Feyerabend (1986), para quem a religião, a metafísica e o humor são, em geral, banidos de atividades profissionais baseadas exclusivamente na técnica e na ciência, modificando inclusive a linguagem falada pelos técnicos, que deve permanecer o mais distante possível da banalidade do cotidiano. Como fazer convergir essas linguagens? Os especialistas da linguagem nos lembram da impossibilidade de uma tradução perfeita, mesmo com as mais elaboradas tentativas de contextualização, daí a importância da vivência e da experiência *in loco* para o aprendizado de uma língua estrangeira.

A busca por uma linguagem de "conciliação" entre planejadores e cidadãos exige uma posição menos confortável dos primeiros, que devem partir a campo, deixando de lado, mesmo que por alguns momentos, as pranchetas, as telas dos computadores e as estatísticas, para se ocuparem dos problemas reais cotidianos, vividos por aqueles para quem planejam; uma nova linguagem, baseada, sobretudo, na intersubjetividade das experiências urbanas e que pode revelar pontos comuns entre profissionais e leigos. Trata-se finalmente de respeitar as diferenças e de desconstruir os preconceitos.

Atualmente, quando se fala de "natureza", o sentimento comum é o de desamparo e de catástrofe iminente (Nohl, 1992). Para manter e melhorar a qualidade de vida humana no Planeta, parece inevitável a tentativa de construir caminhos convergentes, de falar uma linguagem comum, através de ações solidárias. É uma linguagem a ser aprendida na prática, única maneira de realçar suas nuances, para, finalmente, incorporá-las ao planejamento urbano, paisagístico e ambiental.

Experiências intersubjetivas da paisagem e os arquétipos do inconsciente coletivo

Podem os espaços públicos urbanos funcionar como cristalizadores de experiências intersubjetivas da paisagem? O que se esconde por trás das formas urbanas apreendidas através dos sentidos? Que conteúdos e possibilidades escondem-se por trás da pressuposta objetividade e da aparente concretude das formas?

As entrevistas realizadas nos espaços públicos de Viena revelam mais que experiências subjetivas e pessoais da paisagem pelos sujeitos entrevistados, elas revelam também experiências arquetípicas e de caráter coletivo. Arquétipos são atemporais, já que pressupõem a possibilidade de repetição de acontecimentos e experiências, transpostos do inconsciente coletivo e conscientizados pelo sujeito, o que relativiza as noções de passado, presente e futuro.

Símbolo

Para desvendar o universo dos arquétipos do inconsciente coletivo, Jung propõe como método uma análise construtivista de seu princípio mais elementar:

a função transcendente. A função é denominada "transcendente" pois permite a passagem de uma atitude (ou estado) a outra(o), sem prejuízo ou perda dos conteúdos fundamentais do inconsciente coletivo.

O processo simbólico é um vivenciar da e na "imagem". Esse processo é sempre deflagrado quando o sujeito vivencia determinados lugares, caminhos, paisagens ou situações e em geral se manifesta através dos sonhos e das fantasias. Os símbolos da transcendência, apesar de reconhecíveis, não podem ter seus conteúdos explicitados completamente ou reduzidos a signos e/ou alegorias. Os princípios que norteiam a atuação do inconsciente coletivo – base para o processo simbólico – não podem ser completamente explicitados, pois as possibilidades e a riqueza de relações implícitas são da ordem do infinito.

As funções psíquicas, cuja fonte elementar é o inconsciente coletivo, seriam para Jung "funções pré-formadas". Elas não se consolidam e propagam apenas através da linguagem e da tradição, mas podem emergir a qualquer momento e em qualquer lugar. A maneira como imagens arquetípicas afloram da fantasia criativa do sujeito apresenta, ao mesmo tempo, algo de individual e algo de coletivo, os conteúdos coletivos sendo sempre reinterpretados e reelaborados pelo sujeito que as vivencia (Jung, 1990a).

O arquétipo da montanha

O arquétipo da montanha é frequentemente sintetizado pelo *self*, ou pelo encontro consigo mesmo, pois sua escalada representa esforço e seu topo é o objetivo maior almejado por alpinistas e andarilhos, como a Sra. W. (62 anos, artista plástica). As montanhas deram a Sra. W. "um horizonte", ao escalar a cordilheira dos Andes em Mendoza, entre Argentina e Chile:

> *Estávamos em expedição nas montanhas e, quando chegamos aos lugares mais altos, a vegetação começou a desaparecer, mesmo a mais rasteira, caminhávamos entre pedras, com um céu azul escuro como horizonte.*

Figura 1. Montanha em Zuoz, na Suíça.

Poder, solidão e firmeza são também características não raro associadas às montanhas (Jüngst & Melder, 1984). A Sra. B. (31 anos, paisagista e professora universitária) não acreditava, quando criança, que montanhas podiam desmoronar. Ela cresceu numa paisagem típica de regiões mineradoras na Alemanha, com "montanhas artificiais", resultado direto das atividades de mineração. *"Morávamos no vale, próximo ao rio. Uma vez escalamos uma dessas montanhas e tudo começou a rolar e deslizar. Para mim, como criança, esta experiência foi inacreditável!"*

"Prado" e "deserto", uma unidade arquetípica?

De acordo com Jung (1990a), a energia dos conteúdos psíquicos está relacionada com a "força dos contrários". Prado e deserto possuem conteúdos arquetípicos convergentes, embora aparentemente representem polos contrastantes. Eles representam – enquanto arquétipos do inconsciente coletivo – características extremas de uma mesma "imagem" ou "paisagem", que podem despertar no sujeito sentimentos e sensações os mais diversos e contraditórios.

A entrevista em um gramado do Parque Donau em Viena fez o Sr. O. (35 anos, dentista) lembrar de suas experiências em um deserto da Arábia Saudita: *"À primeira vista parece não haver nenhum tipo de vegetação no deserto. Mas, se olharmos com atenção, vamos perceber a presença de pequenos arbustos por toda parte, separados uns dos outros por uma distância de cinco a dez metros"*. Ele explica que se observarmos de uma perspectiva próxima ao solo, com o "rosto quase colado na areia", pode-se mesmo ter a impressão de que o deserto é "verde" (na verdade, a depender da hora do dia, as cores variam do marrom amarelado ao cinza azulado, na perspectiva de observação convencional).

"Um gramado é uma paisagem viva", afirma a Sra. J. (47 anos, dona de casa). Ela refere-se a um "prado natural", com besouros, abelhas e herbáceas floridas: *"Gosto de caminhar em lugares assim, belos, acolhedores e agradáveis. Gosto de tê-los próximos a mim"*. Questionada sobre a ausência de intimidade em um gramado, ela acha que esta é uma característica mais associada ao deserto, pois *"todo gramado é circunscrito por limites e fronteiras, como um caminho, uma cerca viva ou um campo cultivado"*.

Mas, para a Sra. J., a existência de limites não representa uma condição fundamental para experiências e sensações agradáveis:

> *Quando se caminha em uma paisagem assim, a experiência é de uma sucessão de prados naturais, por isso não os associo necessariamente à existência de fronteiras. Conheço prados naturais bastante extensos, onde os limites não são tão perceptíveis.*

Para Jung, o deserto representa uma imagem arquetípica de recolhimento moral e espiritual. Dias de solidão podem despertar o deserto escondido em cada um de nós, como afirma Kirchhoff (1982). O deserto aqui é a imagem do vazio e do silêncio, do encontro consigo mesmo. A paisagem dos prados, ao contrário, desperta fantasias relacionadas ao paraíso, a lugares ensolarados, à possibilidade de descanso, de encontros e experiências comuns (Leuner, 1990).

Figura 2. Paisagem de deserto nos Pequenos Lençóis, Vassouras, Maranhão.

Mas também o deserto esconde vida e fertilidade, pode estar relacionado à sensação de liberdade. O povo de Israel foi libertado da escravidão no Egito e encontrou a liberdade no deserto, guiado por um Deus estranho que lhe oferecia um mundo novo, sem vínculos com o passado. A liberdade aqui é, sobretudo, uma ruptura, a fuga da escravidão em direção a uma terra estranha e desconhecida (Kirchhoff, 1982).

O arquétipo da floresta

Na floresta Michaela, no 19º distrito de Viena, o Sr. H. (51 anos, técnico em informática) encontra descanso após o *stress* de um dia de trabalho: *"Aqui me sinto bem, pois tenho a sensação de que a floresta me protege, mas, ao mesmo tempo, me dá liberdade"*. O Sr. H. já viveu nessa floresta experiências as mais diversas. Certa feita, a cor cinza dos troncos transmutou-se em violeta, algo que ele sentiu como uma experiência única e inesquecível: *"Primeiro, achei que era uma ilusão ótica, então fotografei o fenômeno e constatei que de fato os troncos adquiriam coloração violeta em determinados momentos do dia"*. Há 15 anos, o Sr. H. interessa-se por pássaros e, por isso, passou a frequentar regiões com florestas inundadas, onde há uma maior variedade de aves. Para ele, a proximidade da água acentua a "força" da floresta enquanto paisagem.

Em um de seus artigos – "Sobre a fenomenologia do espírito nos contos de fada" – Jung constata que a frequência com que o "espírito" aparece nos sonhos como um senhor idoso é aproximadamente a mesma com que aparece nos contos de fada. Como um dos exemplos – particularmente interessante para a análise do arquétipo da "floresta" – o autor analisa um conto de fadas de origem russa, onde o senhor idoso é o "rei da floresta".

Figura 3. Floresta em Viena, Áustria.

Quando o agricultor sentou cansado próximo ao tronco de uma árvore, surgiu de repente um senhor idoso, de baixa estatura... "Quem é você?", perguntou o agricultor. "Eu sou o rei da floresta, me chamo Och." O homem da floresta leva o agricultor para outro mundo, sob a terra, até uma pequena cabana verde. Na cabana todas as coisas eram verdes. As paredes, os móveis... Até as pessoas de sua família eram verdes. E as ninfas, pequeninas mulheres das águas, que ajudavam nos serviços da casa, elas também eram verdes (Jung, 1990a).

A associação do "rei da floresta" aos conteúdos arquetípicos do inconsciente coletivo é aqui evidente. Esses conteúdos são frequentemente representados através de imagens relacionadas às águas e à floresta. O caráter arquetípico da "floresta" é reforçado no conto de fadas russo através da associação com o arquétipo "água". Ao tempo em que a floresta é seu "reino", Och também mantém relações com o mundo das "águas". De certo modo, essa associação aparece também no exemplo das florestas inundadas do Sr. H., que vê nessa paisagem a "força da vida". Naturalmente sua percepção das florestas inundadas é muito influenciada também pelo seu interesse por pássaros e aves, mas esse interesse é sem dúvida reforçado pelos conteúdos arquetípicos presentes na paisagem.

De acordo com Jung, se pensarmos na simbologia das cores, então o vermelho representa bem os instintos. O "espírito" é mais bem representado pelo azul que pela cor violeta. Esta última é uma cor "mística", que sem dúvida representa bem os aspectos paradoxais do inconsciente coletivo. A cor violeta é, ao mesmo tempo, azul e vermelha, embora ocupe seu próprio lugar no espectro de cores (Jung, 1990a).

Isso significa que os arquétipos são vividos como dinâmicas psicológicas, embora a maneira como são conscientizados, como imagens vividas e experienciadas, dependam também dos instintos e dos conteúdos psicológicos e espirituais do sujeito que as experiencia. A cor violeta dos troncos das árvores na Floresta Michaela é experienciada pelo Sr. H. como um fenômeno peculiar, porque ela reforça os conteúdos arquetípicos da paisagem. Isso nos serve também para ilustrar o caráter "numinoso" dos arquétipos, vividos não somente como "imagens", mas também, e, sobretudo, como "processo dinâmico" através do qual exercem uma incrível força de fascinação.

O arquétipo do mar

Quando a Sra. H. (53 anos, dona de casa) está longe do mar, ela tenta imaginar sua *"superfície em movimento"*. Para ela, o mar está sempre em estreita ligação com o movimento, é uma imagem forte "da vida". Segundo Jung, o mar é o símbolo *par excellence* do inconsciente coletivo, a origem de toda a vida. Analisando antigos estudos de alquimia, Jung demonstra que o mar é uma imagem que representa, a um só tempo, o estágio inicial do mercúrio, a fonte de sua ativação e seu processo de transmutação.

Figura 4. O mar de Alcântara, Maranhão.

O mercúrio representa, na alquimia, o inconsciente coletivo e suas características paradoxais. A fonte do mercúrio, na série de imagens "*Rosarium Philosophorum*", seria o "*vas hermeticum*" onde a transmutação ocorre, representando, ao mesmo tempo, a "água permanente e eterna", a "água sagrada" e o "mar tenebroso", o "caos". Mergulhar nesse mar representa a dissolução do corpo físico, um retorno ao obscuro estado físico inicial. Assim, criam-se as condições necessárias para o nascimento de um "novo ser".

O Sr. He. (30 anos, estudante universitário) sempre associa o "mar" a uma sensação de "grande liberdade". Para ele, o mar é imenso, profundo e inexplorado. Como o "mar", o inconsciente coletivo é também inexplorado e profundo. O arquétipo do "mar" representa bem os processos dinâmicos relacionados ao inconsciente coletivo: mergulhar nesse "mar" é a imagem perfeita da transmutação e da libertação do sujeito. Compreender a força dos arquétipos é a chave para a união dos contrários, como ápice do processo de evolução humana e espiritual. Assim, as imagens tornam-se vivas e, em sua dinâmica, aproximam os contrários, o bem e o mal, o belo e o feio (Jung, 1990b).

"Eu preciso pelo menos uma vez ao ano estar próxima ao mar e faço isso sempre que possível" (Sra. Z., 40 anos, administradora). Como exemplo, a Sra. Z. relata sua viagem a Cayo Largo: *"É uma pequena ilha ao sul de Cuba, no Caribe"*. O "mar" desperta na Sra. Z. sobretudo um sentimento de "férias":

> *Os dias em Cayo Largo foram dias de sonho. Sentávamos do lado de fora ao entardecer, quando o calor e a luminosidade eram menos intensos, simplesmente para observar as cores da paisagem, a areia branca, o mar de diferentes colorações. A água era tão quente e convidativa que tínhamos vontade de mergulhar e nadar o dia inteiro.*

Assim, o idílio do "mar" contrapõe um mundo de sonhos, de areia branca e água azul, ao mundo cotidiano do trabalho, como uma compensação para usufruto do tempo livre, frequentemente associado às férias e ao "nada fazer". Mais uma vez podemos identificar uma relação estreita do "mar" e dos conteúdos do inconsciente coletivo, já que estes últimos funcionam também, de acordo com Jung, como compensação para a consciência humana. O "mar", vendido como "mercadoria" nos pacotes turísticos, exerce fascinação justamente por sua atratividade como paisagem arquetípica, associada ao idílio e à liberdade.

Exercitando a própria fantasia

Os exemplos trabalhados nesta seção mostram que o planejamento urbano, paisagístico e ambiental deve nortear-se por princípios de flexibilidade, para "falar" a linguagem da imaginação lúdica e da fantasia. A imaginação lúdica alimenta-se dos sonhos e do mundo interior dos sujeitos da experiência. Ela é norteada pelas metáforas e alegorias, pela linguagem dos símbolos e dos arquétipos do inconsciente coletivo, em detrimento da linguagem analítica, que fragmenta o todo em partes irreconciliáveis. Sua base mais fundamental é a experiência holística da totalidade (Loidl, 1981).

Como planejador, o profissional deve renunciar aos esquemas estáticos (e de modo geral, hegemônicos) de desenho urbano e ambiental e apropriar-se de novas formas de representação e desenho das cidades, buscando uma comunicação mais efetiva com os cidadãos comuns. Para estes últimos, o processo de planejamento deve reservar espaços de ludicidade, de modo a democratizar o acesso às (múltiplas) formas de desenho e gestão dos espaços urbanos, pavimentando o caminho para um planejamento efetivamente participativo e cidadão.

Para os planejadores e profissionais do desenho urbano e ambiental, especialmente entre os mais engajados, o mote da "participação" tornou-se lugar-comum, embora no dia a dia do planejamento urbano e ambiental os processos efetivamente participativos constituam a exceção que confirma a regra da não participação. Em geral, alega-se que a "dura realidade" dos órgãos e escritórios de planejamento impede a participação, mesmo quando planejadores desejam processos efetivamente participativos. Mas de que realidade fala-se aqui?

Em primeiro lugar, projetos, planos e programas "lucrativos" e que "valem a pena" são muitas vezes viabilizados através de relações corporativas e de "compadrio", sem a realização de concursos públicos ou licitações. Assim, não são os profissionais e técnicos do planejamento que decidem onde e como irão trabalhar. Não podem se especializar em lugares específicos da(s) cidade(s), não escolhem suas áreas de atuação. Ao contrário, são os contratantes dos projetos, planos e programas quem dão a palavra final não só de onde, mas também de quando e como eles serão efetivamente realizados e implementados.

Em segundo lugar, o tempo para a concretização de projetos, planos e programas é curto e restrito, o que em princípio inviabilizaria a aproximação do planejador do cotidiano daqueles para quem planeja. Por outro lado, qualquer tentativa de realização de enquetes, entrevistas ou mesmo conversas informais com os futuros "usuários" é encarada, no meio profissional, como trabalho voluntário, sem direito a remuneração suplementar, o que atuaria como desestímulo para os planejadores mais engajados.

Apesar dessas dificuldades, iniciativas populares de luta por maior participação no processo de planejamento parecem ganhar corpo nas grandes cidades do mundo. Mas essas experiências de participação nem sempre contemplam princípios democráticos de inclusão de "grupos marginais", como imigrantes, portadores de deficiência, jovens e crianças, raramente representados nas assembleias e reuniões. E o arquiteto, urbanista ou paisagista mais engajado pode constatar, decepcionado, que as soluções encontradas pecam em geral pela falta de criatividade, também nos processos de planejamento ditos "participativos".

A concepção de um parque urbano, por exemplo, deve incluir obrigatoriamente áreas de descanso para os grupos de terceira idade, áreas de recreação infantil, áreas para a prática de esporte etc. Vistos desse modo, parques urbanos devem ser planejados de modo funcional, visando à otimização do uso por grupos específicos e predeterminados. O uso funcional se impõe como o principal critério de concepção, implantação e gestão dos parques urbanos, inviabilizando o espaço da fantasia e da criatividade entre profissionais e usuários.

Para se contrapor ao "déficit de fantasia" nos processos de planejamento, os profissionais devem se perguntar, em primeiro lugar, onde se esconde sua própria fantasia criadora, perceber que ela é resultado também de sua história de vida e de sua percepção de mundo. Os arquétipos do inconsciente expressam a experiência humana sobre o Planeta e atuam na fantasia criadora de todos os indivíduos. Árvores e pedras não devem ser percebidas ou vivenciadas apenas como "elementos de projeto" de um parque urbano, por exemplo, pois atuam também como arquétipos do inconsciente coletivo, têm conteúdo simbólico e podem despertar experiências humanas ancestrais nos sujeitos da experiência. Portanto, a concepção de um parque urbano não pode se dar apenas a partir de critérios e princípios funcionais, mas deve incorporar também motivos e alegorias arquetípicas, como forma de estimular a fantasia criadora de profissionais e usuários.

Duas mulheres, um lugar

O motivo do encontro foi uma entrevista marcada por telefone. O lugar do encontro foi a primeira pergunta colocada às duas mulheres. Havia muitas possibilidades. Todos os espaços "livres" em Viena, não importando se públicos ou privados, se parques ou jardins, ou ruas, ou praças, ou florestas, ou lagos, ou cafés... Cada uma das mulheres foi entrevistada em um dia diferente, mas a escolha das duas foi a mesma: o Parque Pötzleindorfer, na periferia da cidade.

Encontrei a Sra. H. na entrada principal e passeamos juntos um bom tempo, enquanto ela me contava sua relação de anos com o parque: "*Eu vinha aqui nesta fonte com minhas crianças pequenas todo verão. Aqui elas podiam brincar com a água, sentir a água brincando*". A Sra. H. tem 53 anos, é dona de casa (não frustrada, segundo ela mesma) e mora bem perto do parque, "*numa pequena rua bem próxima da floresta*".

Figura 5. Parque Pötzleindorfer, em Viena, Sra. H.

Nós andamos até o pé de uma colina e depois através de um caminho íngreme que levava à floresta. Aqui era o lugar preferido da Sra. H., onde ela vinha sempre desfrutar da vista e da paisagem. Sentamos numa fileira recuada de bancos (com mesa), num lugar protegido, emoldurado pela floresta densa e ao mesmo tempo aberto, uma paisagem de morros, prados e florestas abrindo-se aos olhos do observador.

A Sra. H. conta uma experiência marcante:

> *Uma experiência negativa me ocorre agora, uma experiência de infância. Eu e minha mãe fugíamos a pé da Eslováquia em direção a Viena, durante a Segunda Guerra Mundial. De repente, aviões apareceram e começaram a atirar em nossa direção. Minha mãe me colocou dentro de uma manilha e eu fiquei lá dentro até o tiroteio passar. De lá de dentro podia ver a paisagem, pequenos morros, florestas, campos de cereais e pomares. Passado o tiroteio, saí mais leve de dentro da manilha e logo esqueci o acontecido.*

O *esquecer* da Sra. H. dever ser entendido aqui como *inconscientização de conteúdos experienciados*. Se olharmos com atenção o lugar preferido por ela no parque é notável a semelhança da situação espacial descrita pela Sra. H. e a situação por nós experienciada. Uma manilha perdida na paisagem, uma sensação de proteção, um pedaço de paisagem que se abre aos olhos do observador; um lugar protegido, emoldurado por densa floresta, um pedaço de paisagem que se abre aos olhos do observador. O pedaço de paisagem? Pequenos morros, florestas e campos.

Uma semana mais tarde, eu voltei mais uma vez àquele lugar acompanhado pela Sra. A. (dona de casa, 50 anos). Ela também vinha aqui desfrutar da paisagem, mas com uma diferença: a de preferir sentar-se na primeira fila do "cinema". O lugar a fez lembrar da vida no campo e do tempo em que as pessoas se importavam menos com a "natureza", mas eram mais integradas e subservientes a ela:

> *Neste parque eu posso observar o vai e vem das nuvens, o jogo de luzes e sombras, as árvores grandes e belas. Ele me faz lembrar dos meus tempos de infância, da paisagem do Tirol, do florescer das árvores, da intensidade e da pureza daquela paisagem.*

Figura 6. Parque Pötzleindorfer, Viena.

As lembranças dessas duas mulheres nos mostram que um mesmo lugar pode despertar diferentes reações e associações. A questão, se o lugar determinou as lembranças ou se foram as lembranças que determinaram a escolha do lugar, permanece em aberto. Talvez estejamos nesse caso diante de uma relação complexa de causa-efeito e as duas afirmativas anteriores correspondam à realidade. Mas que realidade?

Realidade cotidiana: identificação com o espaço urbano

É principalmente a história pessoal do indivíduo que determina sua relação com os espaços que compõem o seu cotidiano. O lugar se transforma e vira história pessoal, permuta-se em sujeito:

> Eu me lembro de ter brincado muito nesse parque quando criança. Nessa paisagem artificial, com morros e vales projetados para os meninos e meninas brincarem. Eu mesmo subi com frequência esses morros quando criança. (Sr. O., médico, no Parque Donau, em Viena)

Figura 7. Parque Donau, Viena.

O lugar desperta a criança adormecida. É brincando que a criança descobre gradualmente o mundo a sua volta, ampliando deste modo o seu sistema cognitivo (Piaget, 1956, cit. por Downs & Stea, 1982.) As recordações de infância vêm à tona como luzes de velas na noite escura, reinterpretadas à luz do ser adulto consciente (Jung, 1990c):

> Eu vinha muito aqui no Burggarten quando era criança, jogar bola com outros meninos. Naquela época não havia tantos turistas e nem tantos drogados. Hoje todo mundo pisa na grama, vende e compra, consome drogas pesadas. Sempre acham seringas usadas por aí. Eu acho que o público que vem aqui mudou bastante nos últimos tempos. (Sr. B., historiador)

Figura 8. Burggarten, Viena.

Outra vez saudades do paraíso da infância? Toda e qualquer ilusão precisa paradoxalmente de confirmação real. Se as lembranças diferem muito da realidade, elas acabam impedindo a identificação do sujeito com o objeto observado. Ninguém é capaz de acreditar numa lembrança ou fantasia que difere tão grotescamente da realidade vivida (Schulze-Kobel, 1984). Os sentimentos humanos "calibram" as diferenças entre o real e o imaginário, tentam minimizar o conflito com o real. Se as diferenças são grandes, o espaço passa a ser vivido somente no imaginário, torna-se palco de projeções das experiências ali vividas no passado. O real transforma-se...

Isso não significa, no entanto, que o espaço será sempre vivido no imaginário quando as lembranças não correspondem à realidade vivida no presente. Um exemplo é o surgimento de um novo parque no 5º distrito de Viena (Parque Alfred Grünwald): *"Quando as casas foram demolidas todo mundo percebeu que a área era grande e com muitas árvores de porte"* (Sra. O. N., contadora).

A Sra. O. N. parece orgulhosa do movimento de mulheres donas de casa que conseguiu impor a ideia de um novo parque junto à prefeitura de Viena. Não foi fácil porque a prefeitura queria construir ali um novo conjunto habitacional, e mais tarde uma oficina mecânica do bairro queria usar um pedaço do terreno para ampliar as suas instalações:

> *Nós tivemos muito apoio da imprensa e dos outros moradores do bairro, principalmente das mulheres mães de crianças pequenas. Elas vinham aí e sentavam com suas crianças na grama, até regaram um tempo as plantas e o gramado. Naquela época não havia nada, nenhum banco para sentar, nenhum brinquedo para as crianças.*

O homem só percebe o espaço em que vive quando participa ativamente da sua concepção. É natural, portanto, que aqueles que assim o fazem não se deem nunca por satisfeitos. Sra. O. N.: *"O parque ainda não está do jeito que a gente quer. Nós vamos continuar lutando para que isso aconteça"*.

Figura 9. Parque Alfred Grünwald, Viena.

Profissão: planejador paisagístico

Fala-se aqui de qualidade e funcionalidade dos espaços projetados, de estruturas espaciais, do silêncio e de razões práticas (proximidade do local de trabalho). Experiências e lembranças pessoais não pareceram influenciar muito a escolha do local da entrevista pelos profissionais paisagistas entrevistados.

A Sra. D. encontra por exemplo "qualidade" na Praça Karl-Borromaus: *"Os materiais foram muito bem utilizados e não há aqui os clichês e modismos das praças modernas. A praça tem significado histórico e se enquadra bem no conjunto de casas a sua volta"*.

Figura 10. Praça Karl-Borromaus, Viena.

A qualidade arquitetônica de uma outra praça (Freyung), no centro de Viena, também determinou a escolha do Sr. G.:

Figura 11. Freyung, Viena.

A estrutura deste espaço é muito interessante. O espaço alarga-se para depois estreitar-se novamente, formando cantos agradáveis a sua volta. É muito difícil precisar onde a praça começa e onde ela acaba.

Figura 12. Praça Sobieski, Viena.

Para o Sr. P., a Praça Sobieski, localizada no 9º distrito da cidade, possui "qualidade urbana", embora careça de elementos de vegetação. Na verdade, isso não preocupa muito o Sr. P. Para ele, o importante é que a praça vem sendo utilizada pelos moradores do bairro e está "socialmente ocupada": *"Existem aqui muitos bancos que podem ser mudados de lugar e, além disso, a presença de uma fonte no centro da praça faz o lugar ficar mais tranquilo e agradável".*

A Spittelberg, um calçadão no centro de Viena com muitas lojas, bares e restaurantes, foi o lugar escolhido pela Sra. L. *"Primeiro não fica longe do meu escritório e também porque aqui se pode beber e comer alguma coisa ao ar livre."* Para ela, um lugar sem o barulho dos carros é uma ilha de tranquilidade em uma cidade com tantos automóveis: *"Onde moro ouço constantemente o barulho que vem da rua e, além disso, estão construindo um prédio novo em frente da minha casa".*

É inevitável a constatação de semelhanças na escolha dos planejadores paisagísticos. Lugares pavimentados e urbanos, onde a vegetação desempenha na maioria dos casos um papel secundário. Também a presença de uma fonte foi uma constante para quase todos os lugares escolhidos, e a água, encarada como substituta do verde e criadora de uma atmosfera de silêncio e tranquilidade, como símbolo ancestral da vida.

Figura 13. Spittelberg, Viena.

Consequências para o planejamento em grandes cidades

Todo cidadão tem o direito de interferir no espaço onde mora e trabalha e de ter o seu próprio conceito estético, mas nenhum cidadão tem o direito de impor o seu conceito estético ao resto da sociedade (Nohl, 1992).

O planejamento em grandes cidades deve obedecer, portanto, a princípios gerais que permitam a apropriação do espaço urbano pela população.

O planejador deve tentar, através do seu trabalho, fomentar e não impedir um processo participativo de planejamento.

A crise de linguagem no planejamento é o resultado da falta de comunicação entre planejadores e cidadãos comuns. Os espaços públicos "verdes" e planejados no continente europeu, por exemplo, podem ser divididos em dois grandes grupos, o das áreas monótonas e de manutenção barata (estilo "gramado e grupos espaçados de árvores") e daquelas caras e pretensiosas (estilo "obra de arte"), ambos consequência do uso de uma linguagem estética ultrapassada e carente de renovação.

A metodologia de apreensão dos conteúdos simbólicos e arquetípicos das paisagens urbanas, apresentada neste capítulo, pode ajudar na busca de uma nova "linguagem estética". Tais instrumentos permitem um melhor entendimento das atitudes e valores dos usuários dos espaços públicos em grandes cidades. Para utilização desses instrumentos é necessário, porém, um novo contexto, como aquele das "células de planejamento", já utilizadas há algum tempo na Alemanha.

Uma célula de planejamento é constituída de 25 cidadãos comuns, licenciados do seu trabalho por tempo determinado e pagos para elaboração de pareceres e projetos. De acordo com suas experiências pessoais e com a orientação técnica recebida durante os trabalhos da célula (palestras, excursões, etc.), o grupo elabora um documento final, encaminhado então às instâncias políticas e decisórias (Zierep, 1980).

Esses instrumentos podem ser a chave para um planejamento mais justo e democrático. Planejadores e usuários poderiam, por exemplo, trabalhar juntos na elaboração de projetos para parques e praças, desenhando e planejando esses espaços.

O planejador também pode aprender muito desse trabalho conjunto. Numa célula de planejamento é possível saber o que se passa na cabeça daqueles para quem planeja, suas ideias e seus conceitos estéticos. Ao mesmo tempo, isso seria uma oportunidade única para o planejador, que poderia informar melhor os participantes da *célula* sobre o seu trabalho.

A busca de soluções para o planejamento dos espaços públicos em grandes cidades exige, porém, uma linguagem comum, de conciliação de interesses. O método aqui apresentado para investigação de experiências subjetivas de paisagem pode ser usado num planejamento urbano, paisagístico e ambiental que leve em consideração a importância dos arquétipos e alegorias espaciais. Assim, diferenças e preconceitos poderiam ser superados num amplo processo de troca de informação e discussão, base para um planejamento mais humano e voltado para os interesses da população.

CULTURA E PARTICIPAÇÃO POPULAR

Espaço público e ação política

Dois fenômenos estão relacionados com o termo "público": aquilo que pode ser visto e ouvido por todos e tem a maior divulgação possível; ou significa o próprio mundo, na medida em que é comum a todos nós e diferente do lugar que nos cabe dentro dele. Hannah Arendt (2000) ressalta a dificuldade que experimentamos em compreender a divisão decisiva entre as esferas pública e privada, entre as atividades pertinentes a um mundo comum e aquelas pertinentes à manutenção da vida.

Segundo a autora, a ascendência da esfera social, que não é nem privada nem pública, é um fenômeno relativamente novo, cuja origem coincidiu com o surgimento da era moderna e que encontrou sua forma política no Estado Nacional. A "economia nacional" ou a "economia social" vão paulatinamente substituindo a "ação política" nesse processo, indicando o surgimento de uma espécie de "administração doméstica coletiva". Pensando nesses termos, o comportamento substitui a ação como principal forma de relação humana e o que tradicionalmente chamamos de Estado e de governo cede lugar à mera administração pública.

Somente quando a riqueza transformou-se em capital, cuja função única era gerar mais capital, é que a propriedade privada perdeu seu caráter mundano e passou a situar-se na própria pessoa. A principal característica da moderna teoria política e econômica, conforme Arendt, tem sido a ênfase que coloca nas atividades dos donos de propriedades e em sua necessidade de "proteção governamental" para fins de acúmulo de riqueza (Arendt, 2000).

A ideia de opinião pública remonta aos séculos XVII e XVIII com Hobbes, Locke e Rousseau. Na França, com Rousseau e os enciclopedistas, era a opinião do povo sustentada pela tradição e pelo bom senso; ou ainda a opinião que através da discussão crítica na esfera pública é purificada numa "opinião verdadeira". Nela se dissolve e se supera a antítese entre opinião e crítica (apud Habermas, 1984).

De acordo com Rousseau, a vontade geral seria antes um consenso dos corações que dos argumentos. No contrato social preconizado por ele, cada um deveria submeter à comunidade a sua pessoa, os seus bens e todos os seus direitos para, através da mediação da vontade comum, participar nos direitos e deveres de todos. A democracia de Rousseau baseia-se na ideia do plebiscito permanente, a opinião pública resultando dos cidadãos reunidos para aclamação e não da argumentação pública de um "público esclarecido".

Enquanto os fisiocratas defendiam um absolutismo complementado por uma esfera pública criticamente atuante, Rousseau quer democracia sem discussão pública. Aqui, a opinião pública equivale ao "mudo espírito do povo". Como os enciclopedistas, Kant inicialmente concebe o uso público da razão como coisa de eruditos, que deveriam induzir o povo a se servir de sua própria razão. Essa era a base para a soberania popular em Kant, para o qual as ações políticas são ações morais, a "legalidade" vista como decorrência da "moralidade". De acordo com isso, a soberania das leis é conseguida através de uma esfera pública cuja capacidade funcional é imposta, sobretudo, com a base natural do estado de direito.

Tocqueville entendia que a opinião pública determinada pelas paixões das massas necessitaria ser "purificada" através dos "competentes pontos de vista" de cidadãos materialmente independentes, reivindicando a criação de poderes intermediários para incorporar efetivamente a opinião pública na divisão e na limitação dos poderes governamentais. Para Mill, questões políticas não deveriam ser decididas através de um apelo direto ou indireto à visão ou vontade de uma "multidão inculta", mas só através dos pontos de vista formados depois de considerações pertinentes por um número relativamente pequeno de pessoas, reivindicando uma esfera pública sem classes, representativa e sem hierarquia (apud Habermas, 1984).

No campo ideológico oposto, a opinião pública é denunciada por Marx como falsa consciência: ela esconde de si mesma o seu verdadeiro caráter de máscara do interesse de classe burguês. Desse modo, a esfera pública contradiz seu próprio princípio de "acessibilidade universal". O poder político no sentido autêntico é o poder organizado de uma classe para opressão de outra. Para Marx, o princípio da autonomia não poderia se basear na propriedade nem na esfera privada, mas deveria buscar sua fundamentação na própria esfera pública (apud Habermas, 1984).

O que é cultura?

Para Arendt, cultura e política são fenômenos da esfera pública, pois ambos baseiam-se na capacidade de julgamento e de decisão. Cultura indica que arte e política, não obstante seus conflitos e tensões, se inter-relacionam e até são dependentes. Em juízos estéticos, tanto quanto em juízos políticos, toma-se uma decisão. A atividade do gosto decide como o mundo deverá parecer, independentemente de sua utilidade e dos interesses que tenhamos nele. Visto assim, o gosto é a capacidade política que humaniza o belo e cria uma "cultura" (Arendt, 2002a).

Cultura (palavra e conceito) é de origem romana, e significava originalmente agricultura, tida em alta conta na Roma antiga em oposição às artes plásticas e ao fabrico. Também exprimia a reverência romana para com o testemunho do passado (preservação do legado grego e continuidade da tradição). Mesmo no presente, cultura ainda é pensada em termos de tornar a natureza um lugar habitável para as pessoas e de cuidar dos monumentos do passado. Mas isso não esgota os significados da palavra, do conceito de cultura (Arendt, 2002a).

Buscar uma ideia de "cultura" que abarque as representações e práticas sociais das classes populares nas cidades contemporâneas, evidenciando as características e as possíveis peculiaridades das manifestações culturais populares, parece, a princípio, tarefa ingrata e complexa, particularmente em Salvador, num momento de transformações evidentes da paisagem da cidade para o consumo turístico.

Qual o impacto dessas estratégias econômicas no acontecer das manifestações culturais nos bairros populares de Salvador?

O que se entende, afinal, por "cultura" nas áreas de urbanização popular das cidades contemporâneas?

Para os moradores dos bairros populares de Salvador,[1] cultura significa arte, música, o aprendizado cada vez mais amplo, para ser passado às próximas gerações, tudo que vem do passado, construído ao longo do tempo e das gerações, o acervo de conhecimentos de uma comunidade, tudo aquilo que marca um lugar, as raízes étnicas e as festividades:

> *Cultura é o acervo de conhecimentos de um povo, de uma comunidade. É o legado do passado que vai garantir o futuro, um acervo de conhecimentos e costumes.* (José Salvador da Paz Barros, 60 anos, morador de São Tomé de Paripe)

> *Cultura é aprimoramento intelectual, é crescimento intelectual. Um aprendizado!* (Rosilene Alves dos Santos, 37 anos, moradora da Boca do Rio)

> *Cultura no primeiro plano é desenvolvimento da leitura, porque tem que lutar pelo saber, pela escola, pra daí surgir a cultura.* (Hilda de Jesus Santos – Mãe Hilda, 81 anos, moradora do Curuzu)

> *Cultura é arte, é música.* (Geane da Silva Cordeiro, 25 anos, moradora de São Tomé de Paripe)

Muitos associam cultura à dança, ao artesanato, à conscientização, à tradição:

> *Cultura são manifestações que vêm do povo. A maioria dessas manifestações culturais sempre emana do povo mais humilde.* (Antônio Carlos dos Santos Vovô, 51 anos, morador do Curuzu).

> *Nós temos a musicalidade dos Alagados, nós temos alguns grupos de percussão e temos também trabalhos de coreografia.* (João Carlos de São Pedro, 33 anos, morador da Ribeira)

A nossa cultura... hoje a comunidade mantém essa cultura, principalmente a capoeira. (Severina Correia Dias de Melo, 53 anos, moradora de Paripe)

Cultura são os laços de identidade de um povo. (Jailson Silva dos Santos, 27 anos, morador da Boca do Rio)

A cultura do artesanato. Ainda hoje existem mulheres rendeiras... Essas mulheres apareceram no bairro em função da fábrica têxtil, já tem mais de um século e foi passando de mãe para filha até hoje. Elas têm essa necessidade de passar essa cultura que é arte. (Joseane Santos da Cruz, 29 anos, moradora de Plataforma)

Cultura e participação popular

A cultura é um motivo de conflito de interesses nas sociedades contemporâneas, um conflito pela sua definição, pelo seu controle, pelos benefícios que assegura.

Cultura, cultura é tudo! (Renivaldo Santana Sena, 38 anos, morador do Curuzu)

Cultura é tudo e nada ao mesmo tempo, devemos negar seu caráter ontológico com a força de um não verdadeiro: Cultura não existe! (Mitchell, 1999). O que existe é uma ideia de cultura apropriada e disseminada para o bem e para o mal, se é que podemos falar de um modo tão maniqueísta sobre a ideia de cultura. Cultura é linguagem que se traduz em códigos, mas precisamos, sobretudo, entender como surge a ideia de cultura, o porquê de sua força, relacionando-a com as estratégias dos agentes que produzem a cidade, via meios de comunicação, incluindo o teatro, o rádio, o cinema e a televisão.

Mitchell (1999) sugere uma agenda para os geógrafos culturais, que deveriam buscar compreender, através de suas pesquisas, como grupos que consolidaram historicamente seu poder e sua hegemonia instrumentalizaram suas ideias de cultura. Pode-se examinar, por exemplo, como as guerras étnicas e os processos civilizatórios se alimentam das diferenças culturais, valorizando-as como "atributos de um povo" e consolidando, ao mesmo tempo, a existência de "subclasses" e de "subculturas". Poder-se-á, assim, entender as "geografias da cultura" como processos sociais reais, como práticas de representações sociais.

O ponto de partida para qualquer análise em Geografia Cultural deve ser, portanto, o de compreender como a ideia de cultura funciona em meio e através de relações sociais de produção e reprodução (Mitchell, 1999). Com as leis do mercado penetrando na substância das manifestações culturais e tornando-se imanentes a elas como leis estruturais, tudo – difusão, escolha, apresentação e criação – se orienta, nos setores amplos da cultura, de acordo com estratégias de venda do mercado (ver o capítulo "Turismo e espetacularização").

Como falar de participação popular na formulação de políticas culturais num contexto tão adverso?

Em primeiro lugar, é necessário reconhecer a existência de culturas dominantes e subdominantes ou "alternativas", não apenas no sentido político, como também em termos de sexo, idade e etnicidade, já que o poder é expresso e mantido através da reprodução da cultura (Cosgrove, 1998). Nos bairros populares da cidade, muitas vezes à margem de qualquer subsídio ou lei de apoio à cultura, manifestações populares "alternativas" vão surgindo ou "teimosamente" persistindo.

São manifestações "esquecidas" pela mídia e pelo *marketing* turístico, como a capoeira, as rendeiras, a costura artesanal, as festas de pescadores, os grupos de teatro popular, as festas promovidas pelas associações de moradores, os autos de natal, os corais, os carnavais de bairro, o maculelê, os blocos e as danças afro. Na maioria das vezes, é nas associações de moradores, nas paróquias e nos terreiros de candomblé que essas manifestações encontram algum espaço de expressão. Ao mesmo tempo, muitas delas vão desaparecendo, permanecendo vivas apenas na memória de alguns moradores.

Falar de participação popular na construção de políticas culturais para a cidade significa, sobretudo, dar voz e visibilidade para os diferentes agentes e grupos que produzem "cultura", reconhecendo sua diversidade e suas diferenças. É preciso desconstruir a hierarquia das diferenças, que transforma o que é diverso em desigual. A cultura popular não é melhor nem pior que a cultura "erudita", dos teatros, dos museus, das galerias de arte e das casas de espetáculo da cidade.

Essa relação de hierarquia deve ser desconstruída paulatinamente no dia a dia da produção cultural urbana. Com hierarquia não há a possibilidade de construção de um diálogo profícuo entre os diferentes agentes e grupos que produzem cultura. Esse diálogo deve estar, aliás, na base de processos identitários, que subsidiem novas e renovadas relações entre esses agentes e grupos, podendo originar, inclusive, conselhos e estruturas de gestão inovadores para a produção cultural da cidade.

Desconstruindo a hierarquia das diferenças: a noção de "entre-lugar"

A chave para a participação é, portanto, o diálogo. E o diálogo pressupõe a desconstrução da hierarquia das diferenças.

É necessária a construção de entre-lugares como arenas para expressão dos conflitos e contradições inerentes à diversidade de culturas nas cidades contemporâneas. Entre-lugares como reflexo e condicionante de territórios planetarizados, mas plenos de "lugar". Entre-lugares como territórios resultantes da apropriação do espaço sincronizado pelas múltiplas culturas e grupos humanos (Serpa, F., 2004).

Deve-se falar na construção de processos identitários que não procedam à reificação da cultura popular nem da cultura dominante, para a construção de algo realmente novo. A desigualdade é gerada, em última instância, pela "identidade" como algo fundante. É isso que possibilita a consolidação de processos políticos caracterizados pela luta por hegemonias universais. Mas, se ao invés da "identidade", é a "diferença" o elemento fundante, gera-se igualdade e, ao mesmo tempo, abre-se a possibilidade de um processo político caracterizado por hegemonias localizadas, múltiplas e instáveis. Isso vai colocar a necessidade de convivência com múltiplas subjetividades em múltiplos contextos.

Deve-se admitir, como Felippe Serpa (2004), que diferença e identidade não compartilham do mesmo "universo". Quando a diferença é o elemento fundante, a realidade é constituída por processos identitários decorrentes da precipitação dos acontecimentos; mas, se é a identidade o elemento fundante, a diferença é apenas um "dado da realidade", precipitando acontecimentos sem gerar processos identitários dinâmicos e (sempre) instáveis.

Se não há hierarquia, deve haver também implícita a ideia de que, na construção de novas estruturas de gestão das múltiplas e diversas "culturas" (e "ideias de cultura"), todos têm algo a dizer, a fazer, a contribuir. Com certeza isso pode (e deve) ter rebatimento na gestão dos equipamentos culturais das cidades, abrindo seus espaços para esses agentes e grupos da cultura popular, que, em geral, não têm lugar para expressar e desenvolver suas manifestações.

Teatros, galerias de arte, museus, bibliotecas e salas de espetáculo devem servir, portanto, como estruturas necessárias para a consolidação de processos de gestão e produção culturais mais democráticos e livres, sem hierarquias nem desigualdades. Afinal, o sentido político essencial da construção desses novos processos – que não hierarquizem as diferenças – é a liberdade![2]

Segundo Certeau (2003), sem que situações socioculturais possam ser articuladas em termos de forças que se defrontam, não pode haver "política cultural". É necessário compreender como os membros de uma sociedade encontrarão – com o poder de se situar em algum lugar em um jogo de forças confessas – a capacidade de se exprimir em um contexto de anonimato de discursos que não são mais os seus; em última instância, em um contexto de submissão a monopólios sobre os quais não exercem controle.

Modos de comunicação

Para Gramsci, as classes dominantes não governam pela força, mas pelas estratégias (nem sempre sutis) da persuasão, às vezes indireta, fazendo com que as classes subordinadas aprendam a enxergar a sociedade pelo prisma dos governantes. Nesse contexto, o autor questiona-se ainda sobre a forma de análise e operacionalização do conceito de hegemonia: de que maneira deve-se abordar tais processos, como estratégias conscientes das classes dominantes ou como uma racionalidade latente às suas ações?

Como vamos analisar a conquista bem-sucedida dessa hegemonia? Ela pode ser estabelecida sem o conluio ou conivência de pelo menos alguns dos dominados? Pode-se resistir a ela com sucesso? A classe dominante simplesmente impõe seus valores às classes subordinadas ou há algum tipo de acordo? (Burke, 2002).

O entendimento das estratégias de persuasão[3] das classes dominantes passa obrigatoriamente pela discussão dos modos e dos meios de comunicação. Se entre 1500 e 1900 a evolução do universo da comunicação parecia algo estável e simples, com o progresso das técnicas de impressão, o sucesso da imprensa escrita e a generalização da obrigatoriedade escolar para as crianças, tornando o papel da comunicação escrita cada vez mais importante, com o desenvolvimento das técnicas e dos meios de comunicação e o advento do gramofone, do rádio, da fotografia, do cinema e da televisão, ganham novamente força as imagens e a palavra falada (Claval, 2003).

A existência de redes de comunicação planetária e a simultaneidade das trocas fazem desaparecer as antigas estruturas e hierarquias que, no passado, pareciam naturais. Para Claval (2003), a esfera do visual e da oralidade tornou-se algo tão universal quanto aquela da escrita, e as duas operam sob a lógica da instantaneidade. O autor se questiona como, nessas condições, colocar em oposição o interior e o exterior? Como imaginar que o local possa se proteger das influências externas, se, com a globalização, os movimentos migratórios e a mobilidade universal das mídias, ele agora é capaz de refletir também aquilo que se passa do outro lado do planeta? Como distinguir, dentro do imenso espaço universalista das culturas, as esferas da ordem próxima, diante das quais estamos mais implicados em termos de direitos e deveres?

Claval vai além e questiona por que reservar às formas intelectuais mais sofisticadas e de acessibilidade restrita uma proeminência que as sobrepõe às culturas autenticamente populares. Por que restringir estas últimas às esferas estreitas de vizinhança? Por que não disseminá-las na escala do planeta? Aliás, é isso precisamente que distingue as culturas de massa do período contemporâneo das culturas populares dos períodos precedentes e que lhes cederam lugar. As primeiras não hesitam em levar a cabo uma estratégia de popularização, enfatizando os instintos humanos profundos – sexo, vida e morte – para atingir largas audiências, como demonstram os programas de televisão, a música e o cinema. As segundas baseavam-se também em instintos e sentimentos, mas veiculavam princípios éticos e morais enraizados nos lugares e mundos vividos.

Para Habermas (1984) a "cultura" que é difundida pelos meios de comunicação é uma "cultura de integração", integrando informação e raciocínio através de estruturas suficientemente elásticas para assimilar também elementos de propaganda, como espécies de superslogans. É assim que a esfera pública vai assumindo funções de propaganda, já que pode ser utilizada como meio de influir política e economicamente. Mas, nesse processo, quanto mais apolítica se torna a esfera pública, tanto mais aparenta estar privatizada.

Considerando-se que as estratégias de concepção (e localização) dos meios hegemônicos de comunicação se dão em pequena escala, em espaços grandes e abstratos, sendo "externas" aos lugares, as táticas de apropriação desses objetos são, sobretudo, "localizadas" e próprias da grande escala, dos espaços concretos e cotidianos (Lacoste, 1993). São as táticas que transformam e subvertem as estratégias hegemônicas de representação.

Rádios comunitárias nos bairros populares de Salvador

Práticas de apropriação dos meios de comunicação pelas classes populares, como as iniciativas que se disseminam nas periferias metropolitanas, através das rádios comunitárias, subvertem – taticamente – a hegemonia cultural veiculada pelos meios tradicionais de radiodifusão e criam entre-lugares para o restabelecimento da ludicidade como valor transversal. Entre-lugares que não são nem lugares, nem não lugares, mas espaços de diálogo e subversão e, sobretudo, de comunicação.

Segundo Downing (2002), a cultura popular é, sem dúvida, uma matriz genérica do que ele denomina de "mídia radical alternativa", que se entrelaça e dialoga também com a cultura de massa comercializada e com as "culturas de oposição". Para o autor, a matriz da mídia radical alternativa é relativamente independente da pauta dos poderes constituídos, opondo-se, por vezes, a um ou mais elementos dessa pauta. Por outro lado, o termo serve para lembrar que essa mídia também é parte da cultura popular e do tecido social como um todo e não se encontra isolada, de modo ordenado, em um território político reservado e radical.

A maioria das rádios comunitárias ou alternativas operam em Salvador através do sistema de linha modulada, LM, e cobrem aproximadamente cem bairros populares. Como, para funcionar, usam caixas de som e não transmitem ondas sonoras, os trâmites burocráticos são mais simples: as emissoras precisam basicamente de uma autorização da Sucom – Superintendência de Controle e Ordenamento do Uso do Solo, órgão municipal que autoriza e fiscaliza as construções e reformas de casas e edifícios, bem como intervenções nas vias públicas. Do universo de 67 rádios comunitárias, 76% são rádios LM, num total de 51 com atuação na capital baiana (há outras 25 atuando no interior do estado).

Entre as rádios autodenominadas de "comunitárias", 16 são rádios FM, cadastradas junto à Associação de Mídias Alternativas e Radiodifusão Comunitária da Bahia (ARCOBA). No caso das FMs o órgão fiscalizador é a Anatel – Agência Nacional de Telecomunicações, que controla a transmissão das ondas sonoras. Quem está autorizado a transmitir em frequência FM tem que obedecer ao limite de 26 quilowatts. No universo das FMs há casos de rádios itinerantes, sem autorização para funcionar, mudando de lugar em geral a cada três meses, para evitar uma possível autuação baseada na aplicação da Lei Federal nº 9612, que regulamenta a transmissão dessas rádios.

Embora órgãos como o Ministério da Saúde e instituições como o Sesc/Senac usem com frequência os serviços das LMs para difusão de informações educativas, não há legislação específica que regulamente a atuação dessas rádios. A presidente da ARCOBA, Ivone Alves, é taxativa: "Legalmente elas não existem! E, por este motivo, e pela desinformação da Sucom, elas são perseguidas e, às vezes, até fechadas" (*A Tarde*, 24/07/2005). A Sucom se defende afirmando que as multas aplicadas em rádios alternativas decorrem da ultrapassagem do volume permitido (70 decibéis de 7h às 22h; 60 decibéis de 22h às 7h) e que há muito tempo uma rádio não é fechada, depois da entrada em vigor da Lei das FMs.

Por lei, uma rádio comunitária é aquela que tem como objetivo primeiro prestar serviços aos bairros, sem fins lucrativos. Essa é, aliás, sua principal dificulda-de: impedidas de atuarem com fins comerciais e em geral sem apoio institucional, sobrevivem pela paixão de seus donos ou em troca de favores políticos. Os locuto-res das rádios comunitárias são moradores dos bairros e ganham muito pouco em comparação com o que se paga no mercado profissional. Não há departamento de *marketing* e quem trabalha numa dessas emissoras é um "faz-tudo".

Além da programação musical, as rádios alternativas oferecem ao público serviços como a procura por pessoas desaparecidas e por documentos e objetos perdidos ou a divulgação dos preços promocionais do comércio de vizinhança. "Só trabalho com isso. Não existe patrocínio, só alguns anúncios de casas comer-ciais do bairro, mas não paga as contas. Eu acho que o governo deveria incentivar, de alguma forma, pois prestamos serviços à comunidade", diz Martim Souza, 38 anos, dono da rádio NC no Nordeste de Amaralina (*A Tarde*, 24/07/2005).

Instaladas normalmente em condições bastante precárias, em "cubículos" dentro da casa dos próprios locutores, as rádios comunitárias mandam mensagens de interesse público para os ouvintes, veiculam avisos de festas, relatos amorosos e muito pagode. "É do que o povão gosta!", acredita o locutor da Rádio Comunitá-ria da Boca do Rio, Marcos Vinícius Oliveira, 26 anos, à frente do programa diário "Boa Tarde, Comunidade", sempre às 14h (SSA-*Jornal da Cidade*, julho de 2005). Já Idiano de Jesus, cantor e compositor, proprietário da rádio Tropical Fênix, com trinta caixas de som espalhadas pelos bairros da Baixa dos Sapateiros, Sete Portas, Baixa de Quintas e Barbalho, não gosta de subestimar o gosto musical dos ouvintes: "A gente toca pagode também, porque é o gosto de muita gente. Mas tem muito feirante da Sete Portas e barraqueiros que gostam e pedem para tocar outro tipo de música. Quem acha o contrário está enganado!" (*A Tarde*, 24/07/2005).

Alguns acreditam também que as rádios comunitárias podem ajudar a "levantar a autoestima das comunidades, com músicas, dicas de cidadania e piadas", como Marivaldo Oliveira, 19 anos, e Magno Santos, 17 anos, estudantes da oitava série na Escola Municipal Amai Pro, em Campinas de Pirajá. A escola sedia a rádio LM de mesmo nome, com dez caixas de som instaladas nas ruas do bairro. Os estudantes são os locutores dos programas e veiculam notícias sobre meio ambiente, saúde e identidade étnica. Já a rádio Tropical Fênix veicula programas educativos do Sesc/Senac e dos governos estadual e municipal, e, por essa razão, Idiano de Jesus acha que deveria haver algum tipo de contrapartida institucional por parte dos órgãos públicos: "A gente presta serviço aos governos, pois eles sabem da importância e o alcance das rádios, pois nós chegamos diretamente ao povo". Nessa direção, Martim Souza afirma que gosta muito "de levar a notícia para nosso povo que precisa muito disso" (*A Tarde*, 24/07/2005).

A atuação das rádios comunitárias nos bairros populares de Salvador demonstra a força das táticas enraizadas no lugar que subvertem a lógica da produção de hegemonias culturais. Interessante notar que em tempos de novas e diversificadas mídias na escala planetária, produto e condição das estratégias de grandes grupos econômicos, uma mídia "falada" e sem a força da visualidade, como o rádio, vai se afirmando como tática de apropriação dos meios de comunicação pelas classes populares. Ao seu modo, a população de baixa renda vai produzindo programas, notícias, serviços, arte e música para o "lugar", dialogando com os "não lugares" dos meios hegemônicos de comunicação, criando em última instância um entre-lugar de diálogo e subversão.

No Bairro da Paz, em Salvador, que concentra população de baixa renda em um dos endereços mais caros da cidade, a Avenida Paralela, a rádio comunitária Avançar, uma LM, transmite músicas, noticiário e mensagens que auxiliam na formação de opinião através de cinquenta autofalantes distribuídos pelas ruas do bairro. Rafael Reis Lima, de 67 anos, um referencial nas lutas pela criação do bairro e locutor da rádio, acha que o espaço das rádios comunitárias pode ajudar na desconstrução dos preconceitos e da estigmatização das classes populares: "o grande patrimônio desse povo é a coragem de lutar". Animado com as conquistas, avisa: "Vamos partir para AM e FM!" (*A Tarde*, 24/07/2005).

No entanto, para existir legalmente, essas iniciativas têm ainda pela frente um longo caminho a percorrer. Ivone Alves, presidente da ARCOBA, lembra que apresentou um anteprojeto de lei à Câmara de Vereadores, para regulamentação das rádios LM, mas a iniciativa não teve resultados. A presidente da associação se pronunciou na Tribuna Popular da Câmara Municipal no dia 13 de junho de 2005. Na hora que Ivone começou a falar, "a maioria dos vereadores mudou de estação. Quem não deixou o plenário, estava falando no celular, conversando com colegas ou fazendo qualquer outra coisa que não fosse prestar atenção à presidente da ARCOBA" (SSA-*Jornal da Cidade*, julho de 2005).

A possibilidade de construção de entre-lugares para o encontro de diferentes

Em tempos de desmaterialização da esfera pública, de virtualização do espaço público enquanto esfera do agir comunicacional e da ação política, iniciativas como as rádios comunitárias nas periferias metropolitanas apontam para a possibilidade de construção de entre-lugares para o encontro de diferentes, subvertendo as práticas das culturas dominantes e a produção de hegemonias universais. A ampliação da esfera pública burguesa revela-se, com a evolução dos meios de comunicação, como um princípio de hierarquização de culturas diferentes, transformadas paulatinamente em culturas desiguais.

As rádios comunitárias subvertem o princípio hierárquico da desigualdade porque funcionam como táticas que desmascaram a estratégia iluminista de legitimação do princípio de acessibilidade universal ao uso público da razão. A relação entre cultura e poder se evidencia, portanto, na análise dialética das táticas dos agentes que produzem culturas subdominantes ou alternativas diante das estratégias hegemônicas de produção cultural das classes dominantes e eruditas.

Concorda-se com Habermas, para quem o ideal de uma opinião pública esclarecida requer vigilância constante contra os riscos latentes de distorção através das mídias, do sistema político e da produção do conhecimento científico, subordinados aos interesses do mercado. Como construir a articulação de consensos a partir do livre entrechoque de argumentos e opiniões? Como articular consensos a partir do embate de diferentes ideias de cultura, sem hierarquizá-las nem torná-las desiguais?

A constituição de entre-lugares para o embate das diferentes ideias de cultura, como a criação do Fórum Permanente de Culturas Populares, em 2002, pode gerar futuras estruturas institucionais de gestão e formulação de políticas culturais na escala nacional. Essas políticas devem seguir sobretudo o princípio da inclusão sem hierarquização. Segundo Américo Córdula, coordenador do Fórum, o organismo foi criado logo após a aprovação da Lei de Fomento ao Teatro, por um grupo de artistas, produtores, índios, pesquisadores, antropólogos e sociólogos:

> Nossa intenção era estudar e elaborar políticas públicas para as culturas populares. Formamos vários grupos de trabalho para discutir educação, políticas públicas e privadas, leis municipais, estaduais e federais. Dos encontros participaram repentistas, sambistas, capoeiristas, índios e artistas populares. Conseguimos estabelecer assim uma rede pela internet que logo atingiu o Brasil inteiro e outros grupos e fóruns. Nesse processo, percebemos que havia poucas leis e políticas voltadas para as culturas nacionais (*Discutindo Arte*, n. 2, 2005).

A autonomia dos diferentes agentes e grupos na formulação e gestão de políticas culturais na cidade contemporânea deve nortear, como princípio básico, a condução destes múltiplos e diferenciados processos identitários, a partir de diferentes e diversas ideias de cultura. Pensa-se aqui a autonomia na direção apontada pelo filósofo Cornelius Castoriadis (1983): participação igualitária no processo de tomada de decisões como condição *sine qua non* para sua execução.

O caso das rádios comunitárias ou alternativas e sua apropriação pelas classes populares mostram que as dificuldades financeiras e sua existência "não oficial" são, na verdade, seu maior trunfo. Isso porque, por não se encaixarem na lógica de produção e consumo dos bens culturais de massa, acabam apontando para caminhos novos e ainda não percorridos pela cultura oficial, produtora de hegemonias e desigualdades.

Essas experiências possuem conteúdo pedagógico e encontrarão sempre resistência das instâncias produtoras das ideias hegemônicas de cultura. Para Michel de Certeau (2003), a análise da evolução dessas experiências pode revelar os limites qualitativos de sua duração ou de sua extensão espacial. Pode revelar também os lugares onde essas experiências/ações ocorrem, dando a conhecer aquilo que estava oculto na opacidade da vida social.

Para analisar tais experiências é oportuno considerar a sugestão de Certeau, de proceder a uma análise fenomenológica e praxeológica das trajetórias culturais dos grupos que produzem e reproduzem ideias de cultura alternativas à cultura dominante, apreendendo a composição dos lugares onde estes grupos atuam, bem como a inovação que modifica estes lugares ao atravessá-los, por sua abrangência de atuação.

Trata-se também de perceber que a cultura popular é mais abrangente que as "culturas de oposição", mas que estas últimas podem contribuir para enriquecer o universo da primeira, assim como o da produção cultural "de massa" (Downing, 2002). Saber quem faz uso dessas formas de expressão cultural de oposição e de que maneira elas são utilizadas deve se constituir, portanto, no cerne das pesquisas em Geografia Cultural, nesse campo de inter-relação entre os lugares e os modos de comunicação "alternativos".

Notas

[1] Relatos obtidos a partir das pesquisas do Projeto Espaço Livre de Pesquisa-Ação do Departamento e Mestrado de Geografia da Universidade Federal da Bahia, num universo de oito bairros populares em Salvador. Sobre a aplicação do conceito de redes sociais para amostragem dos entrevistados, ver Serpa, 2005.

[2] "Para a pergunta sobre o sentido da política existe uma resposta tão simples e tão concludente em si que se poderiam achar outras respostas dispensáveis por completo. Tal resposta seria: o sentido da política é a liberdade" (Arendt, 2002b, p. 38).

[3] Arendt distingue a "arte da persuasão" como a "arte do falar político", em contraponto à "arte da dialética" como à "arte do falar filosófico". "A principal distinção entre persuasão e dialética é que a primeira dirige-se sempre a uma multidão, ao passo que a dialética só é possível em um diálogo entre dois" (Arendt, 2002c, p. 96).

AS MANIFESTAÇÕES DA CULTURA POPULAR

Neste capítulo, proponho uma abordagem "social" da cultura popular, não esquecendo os aspectos culturais das práticas e representações sociais, objetivando uma análise dialética das relações existentes entre sociedade e cultura.[1]

Nos bairros populares das metrópoles capitalistas são os moradores os verdadeiros agentes de transformação do espaço. Eles articulam-se em "rede", não uma rede única, mas redes superpostas, conforme o tema que se esteja enfocando. Temos que diferenciar, por exemplo, os tópicos específicos dos jovens, das mulheres casadas, os tópicos dos homens adultos etc., em cada lugar concreto, e também diferenciar os tópicos das etnias, nas diversas formas em que podem se apresentar suas culturas e subculturas (Vilassante, 1996).

A relação entre cultura e poder está na base da análise das manifestações inventariadas nos bairros pesquisados. A questão da imagem/identidade dos bairros vem sendo trabalhada, em pesquisa financiada pelo CNPq, baseando-se em levantamentos qualitativos com um universo restrito de entrevistados em três bairros populares da capital baiana: Plataforma (no Subúrbio Ferroviário de Salvador), Ribeira (na Península de Itapagipe) e Curuzu[2] (encravado na Região Administrativa da Liberdade). Trabalha-se o conceito de redes como instrumental para seleção e amostragem dos entrevistados, geralmente partindo-se das redes formais/associativistas (com maior visibilidade), como associações de moradores, clubes de mães, templos religiosos, identificando seus porta-vozes e buscando-se caracterizar suas estratégias de ação e formas de organização, bem como a interação entre eles. O passo seguinte é a identificação das redes informais/submersas, como grupos de jovens, de terceira idade, redes de vizinhança e parentesco, "pinçando-se" também desse universo os porta-vozes dos diferentes grupos identificados.

Figura 1. Orla da Ribeira, Salvador.

Figura 2. Curuzu, Salvador.

Para definição do universo de entrevistados em cada bairro pesquisado (19 na Ribeira, 24 em Plataforma e 21 no Curuzu), foram levados ainda em consideração fatores como sexo, faixa etária, local e tempo de moradia no bairro. Com base na realização de entrevistas com moradores das áreas pesquisadas, pretendeu-se explicitar o entendimento e a imagem que se tem do bairro enquanto conceito (construção mental), já que se concorda aqui com Tuan (1983) de que o conceito pode ser deduzido e esclarecido por meio de perguntas, dirigidas primeiro para o concreto e depois para o mais abstrato.

Através de técnicas de cartografia cognitiva, com a identificação dos referenciais arquitetônicos, percursos, limites etc., consolidados na percepção dos moradores, busca-se a construção de uma representação coletiva para cada bairro, a partir das representações individuais (identificando-se os pontos comuns entre as diferentes representações). Segue-se a ordem/sucessão "meu" (representação individual), "nosso" (representação coletiva de nível intermediário, específica para cada grupo – formal ou informal) e "o" bairro (representação coletiva de nível superior).

Nas entrevistas qualitativas com os moradores foi dada especial atenção às festas e comemorações nos bairros pesquisados: o que você entende por "cultura"? O que há, em sua opinião, em termos de manifestações culturais em seu bairro? Como eram essas manifestações no passado? Algo mudou? Finalmente, a pesquisa buscou também avaliar como a mídia impressa registra essas manifestações, a partir da consulta aos arquivos dos maiores jornais de circulação diária em Salvador, nas duas últimas décadas.

Cultura de bairro

A Geografia Urbana clássica contentava-se em estabelecer o bairro como uma noção dada *a priori* ao pesquisador, enfatizando a relação do sítio (meio físico) com a evolução da ocupação humana. Mesmo o aparecimento das análises sobre a vivência e a percepção do bairro, no campo da Geografia da Percepção e do Comportamento, vai representar apenas pouco mais que uma simples transmutação de interesses, sem romper com o acriticismo e a pouca profundidade (Souza, 1989).

Dialetizar as relações entre sociedade e cultura olhando o bairro como o lugar da experiência pode ajudar na busca de instrumentos teórico-conceituais mais flexíveis que aqueles legados pela Sociologia Culturalista, para melhor entender a problemática do "bairro" no contexto da metrópole capitalista, como propõe Souza (1989), evitando apriorismos e petrificações conceituais.

As relações de vizinhança constituem um caso particular de "redes do cotidiano". Elas são ainda muito condicionadas pelas diferenças entre classes sociais. Nos bairros populares, a limitação de oportunidades, a pobreza e o isolamento relativos, a insegurança e o medo acabam por fortalecê-las e torná-las parte fundamental da trama de relações familiares (Keller, 1979):

> *Eu percebo que é um bairro privilegiado porque as pessoas que moram aqui têm a sensação de que aqui é um interior, interior da cidade, porque as pessoas aqui sentam na porta para conversar, se você passar aqui às 5 horas da tarde, você vai encontrar algumas pessoas que têm esse costume, então é um bairro que inspira confiança, diante de tanta violência que percebemos hoje no nosso dia a dia, por ser um bairro com estas características eu acredito que seja privilegiado.* (João Carlos de São Pedro, morador do bairro da Ribeira)

Nos bairros de classe média, as relações entre vizinhos são mais seletivas e pessoais e, na maior parte dos casos, o maior poder aquisitivo faz diminuir a necessidade de ajuda mútua e aumentar a necessidade individual de espaço (Keller, 1979):

> *Também aqui na Ribeira nós temos o costume de "sentar na porta", tomar fresco, que a gente não vê em outros bairros. Em canto nenhum na cidade. Tem gente que mora num lugar que não conhece ninguém; aqui é diferente. Aqui na rua mesmo, é como se fosse uma família, todo mundo unido e quando um tem uma coisa, todo mundo tá junto, entendeu?* (Cleonice Simões Coelho dos Santos, moradora do bairro da Ribeira)

Mas o bairro é mais que um coeso agregado de unidades de vizinhança. Tuan explica que a rua onde se mora é parte da experiência íntima de cada um, mas a unidade maior, o "bairro", é um conceito. Não se expande automaticamente o sentimento que se tem pela rua local para todo o bairro. O conceito depende da experiência, mas não é uma consequência inevitável da experiência, já que o "bairro" só adquire visibilidade e torna-se um "lugar" através de um esforço da mente:

> São dois morros, um é o bairro de Plataforma e o outro é o Alto de Terezinha, o risco no meio é a Avenida Suburbana que divide os bairros de Plataforma e Terezinha. Na Suburbana, a gente pode ver uma paisagem bonita que dá para ver o centro da cidade, o Comércio, a Ribeira, pro lado da ponte que passa o trem. Aqui é o mar [o entrevistado indica no desenho], que vem abrangendo isto tudo, e aqui é um monte de casas, na Ribeira. (Ronaldo Antônio da Conceição, morador de Plataforma, explicando os limites do bairro, durante a confecção do mapa mental solicitado na entrevista)

Cotidiano e vida de bairro são processos dinâmicos que ganham conteúdos diversos à medida que mudam as estratégias dos diferentes agentes que produzem esses espaços. Vale ressaltar nesse contexto que é no sistema de relações com o que lhe é externo, ou seja, com a alteridade, que a territorialidade pode ser definida. Ela está impregnada de laços de identidade, que tentam de alguma forma homogeneizar esses territórios, dotá-los de uma área/superfície minimamente igualizante, seja por uma identidade territorial, seja por uma fronteira definidora de alteridade (Haesbaert, 1997).

Os bairros têm diversas espécies de fronteiras: algumas são fortes, definidas e precisas, outras podem ser ligeiras ou incertas. No entanto, estes limites parecem desempenhar um papel secundário na sua constituição, embora possam fixar suas fronteiras e reforçar sua identidade (Lynch, 1990):

> Quando eu me lembro do Curuzu, lembro também das pessoas que passaram pelo Curuzu e que hoje eu olho pro lado, olho pro outro, encontro poucos com quem eu convivi, hoje estão morando em outros lugares, como Cajazeiras, Mussurunga. Na verdade o que eu acho importante aqui são as pessoas. (Carlos Cruz da Conceição, vulgo Piloto, morador do bairro do Curuzu)

Cultura da experiência e do culto

De acordo com Seabra (2003), os tempos de reza e de festa são elaborações socioculturais que unem aspectos sagrados e profanos da "vida de bairro", primeiro sob o comando da Igreja e, mais tarde, sob o primado da ordem pública, modo pelo qual o Estado foi definindo sua inserção na sociedade. Analisando a evolução do Bairro do Limão em São Paulo, a autora conclui que embora a reza e a festa não estivessem originalmente muito separadas, com o passar do tempo tenderiam a afastar-se. Ambas constituíam os fundamentos dos modos de ser da cultura rústica,[3] essencialmente singela nos hábitos e nos costumes, mas portadora de simbolismos rituais capazes de dar sentido à vida e organizá-la, inscrevendo-a numa sequência rítmica de ações conforme o calendário religioso.

Religiosidade e festividade são, portanto, qualidades interligadas, dialeticamente inter-relacionadas, representando e condicionando também a gênese da maior parte das manifestações culturais dos bairros populares de Salvador:

> *Tem uma lavagem, todo ano, em janeiro, no dia 30. É a lavagem da praça São Brás, do santo padroeiro aqui do bairro. Tem muito tempo que essa lavagem do largo acontece, os devotos fazem essa caminhada aqui pelo bairro, em procissão, levando o santo.*
> (Roque Souza, morador do bairro de Plataforma)

Se o catolicismo popular é muito presente nos bairros estudados, também as tradições afro-brasileiras são determinantes para o surgimento de manifestações culturais singulares:

> *Não precisei sair do Curuzu para encontrar uma família, essa família já estava aqui e é o terreiro de Mãe Hilda Jitolu. Após minha entrada no terreiro, aprendi uma identidade religiosa, aprendi a minha história, de onde eu vim, e para onde eu vou. E também o Ilê Aiyê,[4] que me dá condições de aprendizado, de capacidade para estar discutindo, aprendendo e fazendo esse intercâmbio com o próximo. Então família, religião e o Ilê Aiyê têm uma representatividade muito grande para mim.* (Ramnsés Santos dos Santos, morador do bairro do Curuzu)

Figura 3. Igreja de São Braz, Plataforma, Salvador.

Figura 4. Sede do Ilê Aiyê, Curuzu, Salvador.

As festas e as tradições religiosas pertencem à esfera da experiência, constituindo-se das impressões que o psiquismo incorpora na memória, das excitações que jamais se tornaram conscientes e que, transmitidas ao inconsciente, deixam nele traços mnêmicos duráveis. Memória individual e coletiva fundem-se nas sociedades tradicionais através da festa e do culto, em que episódios significativos do passado coletivo são rememorados, levando cada indivíduo a incorporar essas memórias à sua própria experiência, já que, ao recordar-se delas, recorda-se também de seu próprio passado. Os dias festivos possuem justamente a função de estimular essas rememorações, pertencendo ao domínio da memória involuntária (Rouanet, 1987).

Mas a incorporação dos bairros populares da cidade ao processo de produção capitalista vai produzir mudanças evidentes, incluindo o desaparecimento gradual da experiência, privando os moradores de sua história e da capacidade de integrar-se numa tradição, já que a experiência é matéria de tradição, na qual memória individual e coletiva se fundem:

> Tem a Segunda-Feira da Ribeira, que ocorre depois do Domingo do Bomfim, em janeiro, todo ano, e dura apenas um dia. Antigamente tinha a Terça-Feira Gorda. Pra nós, moradores do bairro, era melhor, porque não tinha muita gente. E a segunda era feriadão, não é mais. O povo que vem de manhã é o povo que não trabalha, mas o povo que trabalha chega à tarde, aí fica muito cheio. Antigamente era uma festa gostosa, hoje não é mais. (Cleonice Simões Coelho dos Santos, moradora do bairro da Ribeira)

Benjamin (1996) viu nisso tudo um "violento abalo da tradição", que se relaciona intimamente com os movimentos de massa de nossos dias. Desse modo, retira-se os objetos culturais de seu invólucro, destruindo-se sua aura. E, no momento em que os critérios da autenticidade e da unicidade deixam de aplicar-se à produção cultural, toda a função social dessa produção se transforma. No mundo massificado do capitalismo atual, o homem tem um tipo de percepção voltado para o idêntico e para o contato direto com as coisas, o que exclui a unicidade e a distância que definem a aura (Rouanet, 1987; Benjamin, 1996):

> Na cidade baixa tem muito grupo de música. Eu tenho um irmão que tem uma banda de reggae. Na adolescência dele, começou a vir essa onda de música, aí eles começaram a formar uma banda. Tem grupo de pagode, reggae, axé. É o que está agora em evidência e aí todo mundo faz. (Mauritânia Macedo Teixeira, moradora do bairro da Ribeira)

Baseado na dicotomia freudiana que opõe a consciência à memória, Benjamin (1996) trabalha com uma nova dicotomia, que opõe a vivência à experiência. Pertencem à esfera da vivência aquelas impressões cujo efeito de choque é interceptado pelo sistema percepção-consciência, que se tornam conscientes, e que, por isso mesmo, desaparecem de forma instantânea, sem se incorporarem à memória. Essa leitura da teoria freudiana do choque constitui uma das chaves para a compreensão da crítica cultural de Benjamin, já que, para ele, o mundo moderno se caracteriza pela intensificação das situações de choque, em todos os domínios (Rouanet, 1987; Benjamin, 1996).

Cultura da vivência e da exposição

A sobrevivência na cidade exige uma atenção superaguçada, a fim de afastar as múltiplas ameaças a que está sujeito o passante. A experiência do choque acaba produzindo um novo tipo de percepção, uma nova sensibilidade, concentrada na interceptação e na neutralização do choque, em contraste com a sensibilidade tradicional, que podia defender-se, pela consciência, contra os choques presentes, mas podia também, pela memória, evocar as experiências sedimentadas em seu próprio passado e na tradição coletiva (Rouanet, 1987; Benjamin, 1996):

> *O que eu posso constatar pelos percursos que eu faço no bairro é que os motoristas não obedecem à sinalização, não param quando devem parar, eu já fiquei mais de meia hora só para atravessar a Avenida Lima e Silva, porque os motoristas não deixavam, o grande número de camelôs na Lima e Silva nos obriga a usar a via pública no nosso trajeto como pedestre e aí tem que ficar no zigue-zague. Muitos carros estacionam no passeio, então fica difícil.* (Maria Olívia Fonseca do Espírito Santo, moradora do bairro do Curuzu)

Enquanto os processos de apropriação e produção do espaço urbano superpõem cada vez mais a vivência à experiência, provocando o isolamento dos indivíduos e impossibilitando a relação de troca com o outro, os objetos culturais se emancipam do seu uso ritual, aumentando as ocasiões para que sejam expostos (Rouanet, 1987; Benjamin, 1996):

> *Bom, nós temos musicalidade, nos Alagados temos alguns grupos de percussão e temos também trabalhos de coreografia. Aqui tem um ponto de referência como show, o Clube de Regatas Itapagipe. Ele sempre promoveu alguns eventos e, inclusive, o Grupo É o Tchan nasceu de apresentações feitas neste clube. Então o grupo foi amadurecendo e acabou conhecido nacionalmente.* (João Carlos de São Pedro, morador do bairro da Ribeira)

Segundo Benjamin, a exponibilidade dos objetos culturais cresceu em tal escala, com os vários métodos de sua reprodutibilidade técnica, que de uma preponderância absoluta do valor de culto na pré-história passou-se a uma preponderância absoluta hoje conferida a seu valor de exposição. Analisando-se, por exemplo, o tratamento dado pela imprensa escrita às manifestações culturais nos bairros populares pesquisados, percebe-se que, sob a ótica da mídia impressa, a Festa da Ribeira apresentou sinais de decadência e auge ao longo das últimas décadas. É fundamental, no entanto, compreender que o resgate de sua impor-tância se deu através do trio elétrico – da música de carnaval.

A festa, na sua origem, nunca foi palco para esse aparato tecnológico. É compreensível, nas falas dos moradores, que apenas três deles tenham citado a festa, sendo que o mais jovem foi o único que a relatou com algum entusiasmo. A "aura" sempre esteve ligada a um ritual ou a um artifício religioso, através de objetos autênticos, únicos, que chegavam ao homem por meio de estímulos emocionais. Desse modo, pressupõe-se que a festa popular, na Ribeira, possa conter também a sua "aura", pois se iniciava com um ritual religioso, seguido da parte profana.[5] Ao longo dos anos, a "aura" da festa, antes vinculada sobretudo ao aspecto religioso, praticamente desapareceu. Hoje, o seu acontecer é marcado pela realização do lucro e pela possibilidade da diversão e do lazer (Cordeiro, 2001).

A "aura" dos objetos culturais desaparece, portanto, para abrir um espaço onde se instala uma nova "aura": a da mercadoria, cujo fetichismo suscita no consumidor/usuário/turista uma atitude alienante. Essa "pseudoaura" se funda na dispersão. A mercadoria recompensa seus adoradores, distraindo-os (Rouanet, 1987). A mercantilização das manifestações culturais faz dos bairros populares espaços do "novo", instrumentalizados pela lógica do capitalismo, com a função de multiplicar produção e consumo para os moradores (e visitantes), modificando sua paisagem, a partir de ações externas, por intensificação da atividade turística – Ribeira e Curuzu – ou por exclusão do circuito turístico – Plataforma:

> *A cultura da Península de Itapagipe está nos seus prédios, seus casarões, no convento de Mont Serrat. O chão do convento é todo de concha, uma coisa que nós esperamos colocar para visitação pública. As associações estão se empenhando para trazer turismo para Itapagipe. Nós estamos trabalhando com a Factur – Faculdade de Turismo da Bahia, fizemos uma grande pesquisa nessas igrejas todas para fazer o roteiro religioso.* (Terezinha Maria Paim Azevedo, moradora do bairro da Ribeira)

Lazer e diversão como negação da cultura

A desintegração da cultura é evidenciada através da conversão dos objetos culturais em mercadorias sociais, que podem circular e se converter em moeda de troca de toda espécie de valores, sociais e individuais (Arendt, 2002a):

> *Aqui tem o ensaio do Ilê, tem a sede do Ilê Aiyê, tem o bar de Bolachinha aqui no largo do Curuzu, você tem que andar pela rua direta do Curuzu, tem que passar por aqui para ver as pessoas, muita gente bonita, você vê muitos universitários, muitos deputados, muitos estudiosos, pesquisadores, muitos visitantes estrangeiros que vêm aqui no Curuzu.* (Antônio Carlos Vovô, presidente do bloco afro Ilê Aiyê)

Os produtos necessários à diversão servem ao processo vital da sociedade, servem para passar o tempo, um tempo no qual não estamos totalmente libertos do processo vital e livres para o mundo da cultura. É um tempo de sobra, depois que trabalho e sono receberam seu quinhão (Arendt, 2002a):

> *Se você quer tomar uma cervejinha no final de semana e bater um bom papo você vem no bar de Nilson, se você quer conhecer um pouco mais da cultura afro, você vai aqui no Ilê Aiyê, se você quer se divertir no final de semana, bater um baralho, procura Bira, procura Dadai, procura Zinho, procura uma galera assim.* (Renivaldo Santana Sena, vulgo Reni, morador do bairro do Curuzu)

Mas o divertimento, assim como o trabalho e o sono, constituem, irrevogavelmente, partes do processo vital biológico. O consumo e a recepção passiva do divertimento representam um metabolismo que se alimenta das coisas, devorando-as. Para Arendt, os objetos culturais, cuja excelência é medida por sua capacidade de suportar o processo vital e de se tornarem pertences permanentes do mundo não deveriam ser julgados com padrões tais como "novidade" e "ineditismo". A necessidade de entretenimento começou a ameaçar o mundo cultural, pois os objetos culturais passaram a ser alterados para o consumo fácil, tornando-se "entretenimento":

Figura 5. Portão de acesso à sede do Ilê Aiyê.

Os clubes fazem os bailes dançantes. É uma discoteca (música mecânica). São essas que estão na moda atualmente, é baile funk, pagode. Música da atualidade. Às vezes vêm bandas para tocar e às vezes é CD. (Ronaldo Antônio da Conceição, morador do bairro de Plataforma)

Figura 6. Tambores, sede do Ilê Aiyê.

A cultura relaciona-se com objetos e é um fenômeno do mundo, o entretenimento relaciona-se com pessoas e é um fenômeno da vida. A cultura é ameaçada quando todos os objetos, produzidos pelo presente e pelo passado, são tratados como meras funções da sociedade, para satisfazer a alguma necessidade (Arendt, 2002a):

> *O meu grupo começou aqui mesmo, tocando em "barzinho", aí com esse negócio da mídia de pagode toda hora, foi juntando um daqui, outro dali e aí começamos a formar bandas. Eu acho que as pessoas daqui da Ribeira não têm muita opção. Não têm o dinheiro de transporte para ir para a Orla, é longe, o ingresso é caro, R$ 30,00 a R$ 40,00, e aqui você tem a opção de não pagar nada. O custo da pessoa que está colocando a gente para tocar aqui é baixo. Quando se faz esse tipo de show, tira gente da marginalidade; tem muita criança mesmo que curte, que gosta, tira o menino da rua e eu acho isso importante. Qualquer tipo de trabalho é importante, ainda mais na área de cultura, para você ver, estudar, cantar, dançar...* (Dalmiro da Silva Costa Filho, vulgo Gal, morador do bairro da Ribeira)

Figura 7. Bares na Ribeira, Salvador.

Cultura de massa e subculturas

Segundo Arendt, a expressão "cultura de massa" origina-se de outra, não muito mais antiga, "sociedade de massa", e evidencia o relacionamento altamente problemático entre sociedade e cultura. A "sociedade de massa" sobrevém quando a massa da população se incorpora à sociedade, com a eliminação de instâncias mediadoras. Sociedade de massa e cultura de massa parecem ser fenômenos inter-relacionados, porém seu denominador comum não é a massa, mas a sociedade na qual as massas foram incorporadas. A autora aponta ainda um antagonismo entre sociedade e cultura que é anterior à ascensão da sociedade de massa: o monopólio da cultura pela sociedade, em função de seus objetivos próprios, tais como posição social e *status*, evidenciando o caráter objetivo do mundo cultural, na medida que esse contém coisas tangíveis, compreende e testemunha todo o passado registrado da humanidade (Arendt, 2002a).

A cultura de massas, conforme Habermas, atende às necessidades de distração e diversão de grupos de consumidores com um nível relativamente baixo de formação. Nesse processo, não se forma um público mais amplo, a fim de iniciá-lo num contexto cultural com alguma substância, o objetivo é massificar e ampliar as possibilidades para o consumo de lazeres e diversões (Habermas, 1984).[6] Em Salvador, o processo de folclorização da maioria das festas populares segue o caminho da "retradicionalização" ou da "modernização" por intervenção direta do mercado ou do estado. Assistimos à emergência de "novas" tradições reinventadas a cada dia para um consumo turístico cada vez mais segmentado e diferenciado:

> *Na festa da Ribeira, o pessoal da Ribeira mesmo foge, já não participa mais, vai para a ilha, fecha sua casa... Porque é muita desordem, muita violência. Na parte física do bairro, a única coisa que muda é que a prefeitura se movimenta um pouco pra limpar a rua, pra lavar, pra passar no meio-fio aquela tinta branca, botar luzes, as gambiarras e as barracas que colocam pra vender bebidas, comidas, essas coisas. Aí fica um clima de festa mesmo, festa de largo. Acho que não muda nada, depois que passa, volta tudo ao normal.* (Cleonice Simões Coelho dos Santos, moradora do bairro da Ribeira)

Com a atividade turística, as populações locais reinventam seu cotidiano e, nessa reinvenção, a lógica turística se sobrepõe às tradições locais e à identidade dos lugares, impactados por novos valores, novos símbolos, novas referências e expectativas (Fonteles, 1999). São valores hegemônicos, já que são impostos por grupos sociais específicos com suas concepções próprias de "cultura":

> *Todo final de semana, a partir de sexta-feira, saem inúmeras escunas daqui para todo o arquipélago de ilhas da Baía de Todos os Santos. Saem escunas daqui para Ilha de Maré, Madre de Deus, Ilha dos Frades ou Ilha de Itaparica. Inclusive tem escunas daqui que vão direto para Morro de São Paulo, dependendo do contrato do aluguel da escuna. Inclusive Xuxa e outros artistas já estiveram aqui para fazer passeios.* (João Carlos de São Pedro, morador da Ribeira)

O incremento da atividade turística mostra também diferenças no interior dos bairros pesquisados, quanto à incorporação seletiva de algumas áreas pelo turismo. Geralmente, a localização da infraestrutura também é diferenciada, privilegiando essas áreas, que coincidem muitas vezes com os núcleos históricos dos bairros, mais consolidados e com população com maior poder aquisitivo. Essa imagem "histórica", cooptada pelo *marketing* turístico, é "interiorizada" na percepção dos moradores, mesmo daqueles que não moram nas áreas com maior potencial turístico, que acabam por reproduzir uma "representação hegemônica", estilizada, dos bairros onde moram:

> *Eu gosto muito do bairro da Ribeira, porque eu nasci aqui, eu me criei aqui, conheço tudo... e eu caminho todas as manhãs: eu faço uma caminhada daqui até o Bomfim, tem vezes que eu prolongo e vou até a Boa Viagem, eu gosto muito de caminhar*

pelo bairro, durante as caminhadas eu vejo o mar, as pessoas praticando esporte, porque aqui as pessoas praticam muitos esportes na praia, tem também muitas mães que vão passear com seus filhos bebês. (Mauritânia Macedo Teixeira, moradora da Ribeira, explicando o que motiva seus percursos a pé pelo bairro)[7]

Assim, vai se consolidando uma concepção burguesa da vida, baseada em atitudes racionais e pragmáticas, legitimadoras do individualismo como fundamento das práticas sociais cotidianas. As práticas sociais às quais se refere Seabra (2003) representavam, na vida do Bairro do Limão, em São Paulo, diferentes visões sociais do mundo, marcadas por fortes continuidades históricas. Essas práticas vão sendo modificadas à medida que o desenvolvimento do mundo do trabalho criou as condições necessárias para liberar o homem, enquanto indivíduo, "das peias da sociedade tradicional", baseada nos valores da família e da religião.

Para Bourdieu (1979), o *habitus* é ao mesmo tempo um princípio gerador de práticas sociais e um sistema de classificação dessas práticas. É da relação dessas duas características que definem o *habitus* – capacidade de produzir práticas e objetos passíveis de classificação e capacidade de apreciar e diferenciar essas práticas e objetos (gosto) – que se origina o mundo social das representações, o espaço dos estilos de vida. O *habitus* é estrutura estruturante, que organiza as práticas e a percepção das práticas, mas também estrutura estruturada, produto da divisão em classes sociais. Cada posição/condição é definida por suas propriedades intrínsecas, mas também por suas propriedades relacionais em um sistema de diferenças, de posições diferenciais, por tudo aquilo que ela não é, tudo que a distingue e que a opõe a outras posições/condições.

Em matéria de consumo cultural a oposição principal se estabelece entre o consumo de bens distintos e vulgares. O verdadeiro princípio gerador das diferenças no âmbito do consumo é a oposição entre gostos de luxo (ou de liberdade) e os gostos de necessidade. Os primeiros são próprios dos indivíduos que são produto de condições materiais de existência, definidas pela distância à necessidade, pela liberdade, pelas facilidades asseguradas pela possessão de um capital; os segundos exprimem as necessidades, das quais eles são produto. Não satisfeitas de não possuírem nenhum conhecimento valorizado pelo "mercado de exames escolares" ou pelas "conversações eruditas", de não possuírem nada além de técnicas e conhecimentos não valorizados por esse mercado, as classes populares são aquelas que sacrificam a maior parte de sua renda à alimentação, aquelas que gastam menos com roupas e higiene pessoal, que se entregam aos lazeres pré-fabricados em sua intenção pelos "engenheiros da produção cultural de massa" (Bourdieu, 1979).

O estudo de Bourdieu sobre a distinção social cobriu uma lacuna no tocante a pesquisas sobre subculturas das classes sociais, estabelecendo um contraste entre o *habitus* das classes médias e das classes populares. Na visão de Burke (2002), no entanto, Bourdieu não discutiu a importância dessa diferença quando comparada às diferenças entre as nacionalidades, como, por exemplo, entre os franceses e seus vizinhos. O autor reconhece que quantificar tais diferenças talvez se constitua numa tarefa inviável. Para alguém originário de um determinado país, os contrastes culturais entre classes sociais diferentes podem perfeitamente parecer "esmagadores", ao passo que alguém de fora vai observar em primeiro lugar o que os indivíduos daquele país têm em comum (Burke, 2002). Por outro lado, Burke admite que o estudo das subculturas tem algo de valoroso a acrescentar ao estudo histórico e sociológico das classes sociais.

Aproximando a lente das subculturas nos bairros populares...

O resgate da história oral dos bairros populares de Salvador, das diferentes visões de mundo e de "espaços vividos" mostra que há muitos bairros, muitas Plataformas e Ribeiras, muitos Curuzus... Descobre-se que os bairros são culturas transversais, que abarcam muitas e múltiplas subculturas:"da pesca", "do remo", "jovem", "negra", "capoeirista" ou "afro-brasileira"; o outro lado da moeda traz para dentro dos bairros o mundo e suas subculturas:"turística", "patrimonialista" ou "conservacionista". Mas como estudar essas subculturas? Se admitimos como verdadeiro que o poder é expresso e mantido na reprodução da cultura, então é necessário admitir também a existência de culturas dominantes e subdominantes ou alternativas (Cosgrove, 1998).

Vista assim, a questão das subculturas aponta, nos bairros pesquisados, para a importância da questão étnica e para inúmeras tentativas de afirmação de uma identidade afro-brasileira, especialmente nos bairros de Plataforma e Curuzu. O depoimento da moradora de Plataforma, Joseane Santos da Cruz, esclarece por que a capoeira é tão citada pelos moradores; segundo ela, essa manifestação é uma representação da cultura baiana, de modo que a Ampla – Associação dos Moradores de Plataforma, procurando resgatar e preservar esta cultura, configura o bairro como sendo mais um espaço desta preservação:

> Eu acho que existe um esforço da comunidade, ela tenta implantar uma cultura. Hoje, a gente, morador do bairro, investiu na capoeira... A capoeira é uma cultura dos nossos antepassados, cabe a nós ir resgatando. Esse grupo dentro da Ampla tem oito anos, mas a capoeira dentro do bairro existe há muito tempo.

Na maioria das vezes, é no espaço das Associações de Moradores[8] que essas subculturas encontram algum espaço de expressão. Na Ampla, além do grupo de capoeira, outras iniciativas vão surgindo, todas na direção de resgatar a autoestima da comunidade:

> O samba de roda[9] e o maculelê[10] também ainda estão presentes aqui na periferia, as pessoas tentam praticar. O mesmo professor que veio desenvolver o trabalho da capoeira criou o grupo de maculelê no bairro de Plataforma e a gente atende a uma demanda muito grande de pessoas que querem se ligar ao trabalho do maculelê e do samba de roda. (Joseane Santos da Cruz, moradora do bairro de Plataforma)

No Curuzu, esse trabalho, baseado no resgate da cultura afro-brasileira, é realizado por alguns terreiros e pelo bloco afro Ilê Aiyê:

O terreiro Vodum Zô é um lugar ótimo para conhecer a capoeira e o maculelê, a sede do Ilê também tem várias opções, tem a capoeira, o maculelê também. (Alexandra Silva Moreira, moradora do bairro do Curuzu)

Figura 8. Terreiro Vodum Zô, Curuzu.

Ao mesmo tempo, muitas dessas manifestações vão desaparecendo, permanecendo vivas apenas na memória de alguns moradores:

No passado tinha baile pastoril, tinha um bloco africano do Jorge Careca, tinha aquelas festas de São João, hoje em dia não tem mais. (Hilda de Jesus Santos – Mãe Hilda Jitolu, moradora do bairro do Curuzu)

Nas entrevistas com os moradores, é recorrente a ideia de que as manifestações culturais nos bairros eram mais ricas e diversificadas no passado:

As manifestações que existiam no passado não existem mais, tinha bailes pastoris, que a gente até pouco tempo queria revitalizar. Aqui existia o carnaval, Piró e Zé Quatro faziam os bailes de carnaval e era na rua, minha tia Biloca fazia as máscaras, tinha quadrilha de São João, na páscoa tinha queima de Judas, tinha ciranda, mas tudo isso se perdeu, hoje não tem mais nada. (Valdíria Lopes, moradora do bairro do Curuzu)

Pode-se dizer, retomando-se as assertivas de Cosgrove, que o resgate de algumas subculturas residuais (ou mesmo excluídas) e sua transformação em emergentes vai aos poucos impregnando a vida dos bairros pesquisados, reafirmando e transformando valores do passado e deflagrando novos – ou renovados – processos identitários:

Hoje o Ilê Aiyê tem um papel fundamental para a construção do movimento cultural dentro do Curuzu, eu tenho certeza que é a maior referência do bairro, principalmente porque a maioria da população é negra, então houve uma mudança, hoje a gente está dentro de um bairro periférico e possuímos uma estrutura muito forte que é a Senzala do Barro Preto,[11] e então, hoje esses movimentos vão poder divulgar seu trabalho numa área própria, o Curuzu. (Ramnsés Santos dos Santos, morador do bairro do Curuzu)

No Curuzu, são notáveis os aspectos culturais que demonstram sua forte ligação com as tradições afro-brasileiras. As manifestações culturais "emergentes", relacionadas com a atuação de terreiros de candomblé e do bloco Ilê Aiyê, tornam-se, gradativamente, hegemônicas no bairro. Elas só podem ser consideradas "emergentes" vistas no contexto da cidade, como afirmação da cultura negra numa metrópole desigual e segregacionista (Souza; Serpa, 2004).

Processos identitários podem surgir também a partir da relação original entre a sociedade e a natureza, redundando em atividades que aos poucos vão marcar um estilo de vida característico de alguns bairros da cidade. O mar tem lugar de destaque, por exemplo, na relação entre os moradores e o bairro da Ribeira, marcando sua vida cultural, como nas disputadas regatas, nas atividades pesqueiras, nos festejos e nas lavagens que aliam à festa popular a religiosidade de católicos e adeptos dos cultos afro-brasileiros (Coelho; Serpa, 2001). As regatas[12] aparecem com certo destaque no depoimento dos moradores entrevistados:

> Até hoje nós temos regatas. Duram apenas um dia e ocorrem no Tainheiros; vêm do Mont Serrat pra cá. Antigamente nós tínhamos torcidas. Hoje não tem mais a torcida, mas tem muita gente que vem apreciar. (Cleonice Simões Coelho dos Santos, moradora do bairro da Ribeira)

Figuras 9 e 10. Regatas na Ribeira, Salvador.

Na Ribeira há pessoas, como Silvio Santos Silva (praticante de remo, morador do bairro da Ribeira), que "dormem e acordam pensando em remo":

> No momento, a Regata é o evento público mais prestigiado e esperado pelo pessoal. Esporte também é cultura. A gente está batalhando para erguer o Clube Santa Cruz. Foi o clube que me deu oportunidade, que me respeita como pessoa e como profissional. Eu sou o único profissional especializado que trabalha com barco de fibra de vidro na Bahia.

Figura 11. Regatas na Ribeira, Salvador.

Para ele, o remo já foi um esporte de elite:

> [...] o pessoal do meu nível não tinha condição de praticar, porque na época tinha que pagar uma mensalidade para remar. Hoje em dia é o contrário, o clube é quem arca com as despesas do profissional.

Se podemos inferir que as regatas enquanto uma subcultura residual reafirma-se no cotidiano do bairro da Ribeira como "emergente", o mesmo não pode ser dito com relação à pescaria e à mariscagem. Em Plataforma, a pesca se descaracterizou bastante nos dias atuais, tendo sido citada por apenas um morador, que, por sua vez, é pescador: a atividade pesqueira aparece na imprensa escrita apenas em função da mariscagem ainda praticada no bairro. Plataforma, no entanto, tem muitos pescadores que ainda sobrevivem da pesca.

> Sempre tem a festa de pescadores lá na Igrejinha. Tem queima de foguetes e tem um pessoal trazendo a imagem da igreja dali de baixo e aí tem a festa. Tem música ao vivo, pagode, sempre com uma banda que às vezes é daqui e às vezes de fora. Essa festa acontece em 28 de junho todo ano. (Nelvian de Souza, morador do bairro de Plataforma)

Figura 12. Sede do Clube Santa Cruz na Ribeira, Salvador.

Todavia, a Festa dos Pescadores não recebeu nenhum registro da imprensa escrita nas últimas duas décadas. Uma manifestação consequentemente segue a trilha da outra, num efeito dominó, visto que seu grupo representante também se encontra enfraquecido.

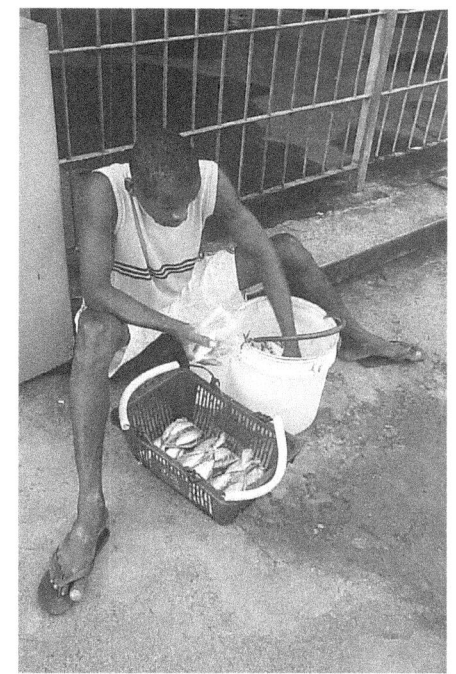

Figuras 13 e 14. Cultura da pesca em Plataforma, Salvador.

Figuras 15 e 16. Mariscagem em Plataforma, Salvador.

Os bastidores das "subculturas emergentes": "retradicionalização" da experiência?

A análise das subculturas emergentes apontadas anteriormente mostra, no caso do bairro do Curuzu e do bloco Ilê Aiyê, uma revalorização da experiência, no sentido indicado por Benjamin, baseada numa filosofia do tribalismo e numa visão coletivista. Para Dantas (1996), a liderança de Antônio Carlos dos Santos, o Vovô do Ilê, proporcionou uma nova significação para a comunidade negra baiana, em torno de um discurso ideológico unificado, baseado em simbolismos relacionados à ancestralidade negra, como os quilombos ou os reinos tribais da áfrica medieval. A relação de Vovô do Ilê com os rituais de candomblé (é filho de Mãe Hilda Jitolu), por outro lado, lhe proporcionou uma legitimidade hierárquica quase mítica no âmbito do grupo que lidera (Dantas, 1996).

O Ilê Aiyê vem firmando parcerias e patrocínios com empresas como a Petrobras, o Supermercado Extra, a Schincariol e a Claro, de telefonia celular, que patrocinam o Camarote do Ilê, na Praça Castro Alves (centro de Salvador), durante os dias de Carnaval. Outras parcerias, com o BNDES, a Eletrobras e a Petrobras, viabilizaram a construção da nova sede do bloco, a Senzala do Barro Preto, no bairro do Curuzu. O prédio, inaugurado em novembro de 2003, tem oito andares, com cinco mil metros quadrados de área construída, incluindo área de eventos para quatro mil pessoas, estúdio, restaurante, escolas formal, de dança, de percussão e profissionalizante, espaço para ensaio da Banda Erê e cozinha-escola (*A Tarde*, 22/02/2004).

Raciocinando ainda nos termos de Benjamin, observamos, por outro lado, que o "valor de exposição" das manifestações afro-brasileiras, no caso do Ilê Aiyê, coloca em risco seu "valor de culto" original e as possibilidades de resgate da memória coletiva através da cultura. O que significa, afinal, o impacto, na vida do bairro, de quatro mil visitantes nos ensaios do bloco? Não estaríamos assistindo mais uma vez a um processo de superposição da vivência à experiência, detectado por Benjamin na percepção do homem moderno, quando da consolidação do capitalismo nas grandes cidades? Afinal, o processo de "retradicionalização" das manifestações culturais nos bairros populares de Salvador não estaria transformando cultura em lazer e diversão, ao "devorar os objetos do mundo" e transformá-los em "mercadorias", como pressupõe Arendt?

Esse parece ser o caso também da "revitalização" das regatas no bairro da Ribeira. A polêmica em torno do fechamento das casas de bingo em Salvador foi motivo de preocupação entre os atletas e os dirigentes dos clubes de remo, que se reuniram em março de 2004 para discutir o assunto na Federação dos Clubes de Regatas da Bahia (FCRB). As casas patrocinavam a prática do remo na capital, destinando R$ 8 mil por mês à entidade desportiva. O dinheiro era dividido em partes iguais, entre a Federação e os quatro clubes da capital, entre eles o Santa Cruz, com sede em Itapagipe. O clube, que comemorou em 2004 cem anos de fundação, pode ter seus projetos comprometidos sem o dinheiro dos bingos. Apesar da estrutura danificada, com apenas dois barcos de competição, o clube investe na construção de barcos novos e na formação de novos atletas, jovens carentes da península Itapagipana (*A Tarde*, 04/03/2004).

Vemos, portanto, que as regatas vão adquirindo e consolidando uma "exponibilidade" que se transforma em capital e investimento, tornando-se, ao mesmo tempo, cada vez mais dependentes de empresas patrocinadoras. É o mercado quem vai ditar em última instância quais manifestações culturais devem ser "revitalizadas" ou "retradicionalizadas", afastando-as gradativamente do seu sentido e valor de culto originais e transformando, nesse processo, a experiência e a memória dos envolvidos em vivência e mercadoria, a ser consumida como objetos de *marketing* empresarial ou turístico.

O Sebrae, em parceria com o Ilê Aiyê e a Associação de Moradores e Amigos do Curuzu (Amac), quer viabilizar, por exemplo, um corredor cultural na rua principal do bairro, que dá acesso à sede do bloco famoso. A ideia é capacitar os comerciantes locais, para melhor atender aos visitantes. O risco – sempre presente em projetos assim – é a criação de mais um "*shopping center* a céu aberto", descontextualizado da realidade local, como já ocorreu inúmeras vezes em Salvador e no estado da Bahia. O risco é um "Curuzu embrulhado para presente", distanciado da experiência dos moradores e das tradições enraizadas na história do lugar.

Se a cultura de massa e suas subculturas – "do automóvel", "da televisão", "dos supermercados" etc. – são tidas como standardizadas, geralmente descritas como rudimentares, conformistas e alienantes, elas são também, por outro lado, estruturas transversais de organização, originando "efeitos de massa" característicos. Diferenças de classe e mesmo diferenças individuais podem ser minimizadas ou mesmo ocultadas por esses "modos de ser" dominantes. A questão fundamental é saber até que ponto as subculturas emergentes nos bairros populares das cidades contemporâneas podem fazer frente às subculturas de massa, originando novas e renovadas transversalidades, baseadas na experiência dos moradores, em última instância os verdadeiros agentes de transformação desses espaços.

Notas

[1] "A ênfase atual dedicada à criatividade cultural e à cultura como uma força ativa na história precisa ser acompanhada por alguma noção dos limites e restrições nos quais essa criatividade se manifesta. Em vez de simplesmente substituir a história social da cultura pela história cultural da sociedade, faz-se necessário trabalhar com as duas ideias de forma conjunta e simultânea, independentemente do grau de dificuldade que isso possa acarretar. Em outras palavras, parece-nos bem mais proveitoso considerar a relação entre cultura e sociedade em termos dialéticos com ambas as partes, a um só tempo, ativas e passivas, determinantes e determinadas" (Burke, 2002, p. 171).

[2] O Curuzu possui uma população de baixa renda e sofre com muitos problemas de infraestrutura urbana. A sua história está relacionada à história do bairro da Liberdade, que, na segunda metade do século XIX, era conhecido como Estrada da Boiada, por onde passavam os animais que eram levados para o matadouro do Retiro. O Curuzu surgiu da necessidade de novos espaços para habitação: os moradores passaram a arrendar as terras da família Martins Catharino, construindo suas casas e promovendo o lento crescimento do bairro. Algumas famílias estão no lugar há mais de um século (Souza, 2004).

[3] "Houve um tempo de reza e de festa no Bairro do Limão, com banda no coreto da igreja, com procissões, quermesses quase todos os anos e com gente que vinha de longe. Tinha ainda o Açucena, clube com o time de futebol mais querido da várzea de São Paulo, segundo dizem os velhos moradores do Limão" (Seabra, 2003, p. 232).

[4] A movimentação dos negros baianos em épocas mais recentes e com características e reivindicações novas e atualizadas tem como seu ponto de partida a criação, em 1974, do bloco afro Ilê Aiyê, no Curuzu, desenvolvendo-se com o Movimento Negro Unificado (MNU) na segunda metade da década de 1970: "reflexo de uma necessidade histórica de organização em torno de uma identidade étnica, o Ilê já surge com a proposta de ter apenas negros entre seus componentes" (Dantas, 1996, p. 155).

[5] "Decorrendo da devoção ao Senhor do Bonfim, no domingo, os romeiros vindos do Recôncavo, descalços, faziam um passeio pelos arredores de Itapagipe, frequentando os estabelecimentos comerciais onde se abasteciam de comida e bebidas. Era uma espécie de Carnaval, não faltando os corsos de automóveis

enfeitados com seus alegres passageiros metidos em vistosas fantasias. O ponto de concentração – a Ribeira – regurgitava de veranistas. As ruas se enchiam de vendedores. Em toda extensão do cais alinhavam-se saveiros vindos do Recôncavo, cheios de frutas das mais diversas qualidades. Blocos e mais blocos percorriam as ruas" (*Bahia Hoje*, 16/01/1995).

[6] "Caso seja permitida uma generalização, as camadas de consumidores em que novas formas de cultura penetram não pertencem nem à camada tradicionalmente culta nem às camadas sociais inferiores, mas com uma certa frequência a grupos em processo de ascensão, cujo *status* ainda necessita de legitimação cultural. Intermediado por esse grupo inicial, o novo meio se expande então, no entanto, primeiro dentro do estrato social mais alto para, a partir daí, propagar-se pouco a pouco para os grupos de *status* inferior" (Habermas, 1984, pp. 205-6).

[7] Ao ser questionada sobre os limites do bairro, procura incluir sua residência na "Ribeira", embora more distante da orla do bairro: *"Olha, geograficamente, na minha opinião, começaria ali no Papagaio e vinha pela parte de fora e envolvia toda essa península aqui até a Sorveteria da Ribeira, a igreja da Penha. Antigamente não tinha aquela parte de lá da cidade baixa. Há uns 15 anos atrás, o governo fez um aterro e emendou com a Massaranduba e aí foi formando a Mangueira, o Areal. Aí, identifica tudo isso como Ribeira, entendeu? Mas foi uma coisa que cresceu. Tem a parte daqui e a parte de lá. Vamos dizer que tem classes sociais diferentes: tem a média, tem a alta e tem a baixa".*

[8] *"Tem uma associação chamada Amai – Associação de Moradores e Amigos de Itapagipe – que trabalha com capoeira, que faz esse tipo de trabalho com maculelê, capoeira e música"* (Dalmiro da Silva Costa Filho, morador do bairro da Ribeira).

[9] Denominação do samba baiano.

[10] Maculelê: misto de jogo e dança de bastões, de Santo Amaro, no Recôncavo Baiano.

[11] Denominação da sede do Ilê Aiyê, no bairro do Curuzu.

[12] "As regatas sempre foram disputadas no Tainheiros, participando quatro clubes. A sede do Itapagipe sempre foi aqui mesmo, a do Santa Cruz, na Calçada, do São Salvador, na praia de São Joaquim e a do Vitória, no Farol. Assistir às regatas era uma diversão emocionante, tanto pelo visual que os barcos nos proporcionavam, como pela febre da torcida. Em 2 de abril de 1905, a Federação realizou a primeira regata. A segunda regata ocorreu em 2 de outubro de 1905, quando foi instituída a taça Olga, pelo São Salvador. Às regatas, os homens compareciam com cartola e as mulheres usando chapéu, todos muito elegantes." (Borges, 2001, pp. 77-9)

AS REPRESENTAÇÕES SOCIAIS

Frequentemente, os termos "percepção" e "cognição" têm sido empregados de modo aleatório, em uma profusão de contextos diferentes e variados, por profissionais da psicologia e pelos cientistas sociais, em seus estudos e pesquisas sobre "percepção ambiental". Para muitos geógrafos, "percepção" é uma noção "guarda-chuva" que abarca percepções, memórias, atitudes e preferências humanas, além de outros fatores psicossociais que contribuem para algo que seria melhor caracterizado como "cognição ambiental".

Downs e Stea (1973) reservam o termo "percepção" para os processos que ocorrem na presença dos objetos percebidos e que resultam em sua imediata apreensão. No que se refere a tempo, o termo está intimamente conectado com eventos próximos, das redondezas imediatas, relacionado também com os comportamentos reflexos. Cognição ambiental necessita dessa ligação com o objeto percebido, mas, ao mesmo tempo, não precisa estar associada com objetos, processos ou fenômenos ocorrendo no ambiente próximo. Em consequência, os processos cognitivos podem estar conectados com ocorrências do passado ou do futuro, da ordem próxima ou da ordem distante.

A distinção não visa, no entanto, ao estabelecimento de uma dicotomia rígida entre percepção e cognição. Na verdade, isso é também uma questão de escala e de foco da pesquisa: a cognição está relacionada a espaços de referência cuja extensão e dimensões não podem ser percebidas ou apreendidas de modo imediato e reflexo. Esses espaços precisam ser cognitivamente "organizados" e decodificados para serem incorporados à memória e às estruturas de representação, e contêm objetos e eventos que estão fora do alcance da apreensão imediata.

No terreno das representações e dos espaços de representação

Se tomarmos como certo que percepção e cognição não são a mesma coisa, convém explicitar a adoção de métodos e teorias que deem conta da complexidade dos processos cognitivos e dos respectivos "espaços de representação". Entre o espaço percebido, das práticas espaciais cotidianas, e os espaços de representação, das estruturas cognitivas complexas, Lefebvre (2000) introduz os espaços concebidos pelas estruturas de planejamento e de "poder", constituindo-se, assim, uma tríade conceitual que aprofunda dialeticamente a análise do espaço e da "percepção" do espaço. Estamos longe aqui de um arcabouço teórico-metodológico que dicotomize a realidade e a "percepção" da realidade.

A triplicidade ou tríade lefebvriana é uma característica subjacente a qualquer estrutura socioespacial constituindo-se a partir das práticas espaciais, das representações do espaço e dos espaços de representação, campo último dos simbolismos complexos. Os "simbolismos complexos" de Lefebvre referem-se obviamente às estruturas e aos processos de cognição mencionados anteriormente, embora isso não seja explicitado pelo autor.

O espaço percebido está relacionado diretamente aos objetos e aos fenômenos imediatos, carecendo de elaborações simbólicas de cunho complexo. É o campo dos perceptos, embora haja, já aí, o início da incorporação dos objetos e dos fenômenos às estruturas cognitivas. O espaço concebido é símbolo que carece de perceptos, que busca se incorporar às estruturas cognitivas sem a legitimação das práticas espaciais cotidianas, influenciando, porém, diretamente nos espaços de representação. Estes últimos são, em última instância, o *locus* dos processos cognitivos e das representações sociais. É o espaço das mediações e da interlocução entre o percebido e o concebido. É também o espaço vivido dos conflitos e das lutas.

Pensando nos termos de Lefebvre, estaríamos assistindo à valorização (seletiva) do percebido e do concebido, em detrimento do vivido; à valorização da exposição e da visibilidade, em detrimento de tudo que não é imediatamente visível ou exposto. Por outro lado, a não incorporação do percebido ao vivido deixa sem espaços de representação todos aqueles grupos ou indivíduos sem acesso às estruturas de poder, que produzem, via meios de comunicação de massa e processos tecnocráticos de planejamento, as "representações do espaço", o concebido.

Por uma "geografia das representações sociais"

Goodey e Gold (1986) lembram que *behaviourismo* e *behaviouralismo* são termos inteiramente distintos. O primeiro representaria uma escola reducionista de Psicologia, que via o comportamento humano em termos das relações de estímulo/resposta, nas quais as respostas poderiam ser amarradas a certas condições que as antecediam; nessas relações, os processos cognitivos e, de fato, a própria consciência desempenhariam um papel de pequena importância. O segundo, por seu turno, indicaria um movimento nas Ciências Sociais que procura tomar o lugar das teorias tradicionais sobre as relações homem/ambiente, com novas versões que reconheceriam explicitamente as verdadeiras complexidades do comportamento humano.

Daí a profunda divisão, na Geografia, entre as escolas de base espacial e as fundamentadas na noção de lugar, isto é, entre as escolas de pensamento positivista e humanista. Para os autores, um dos problemas da predominância relativa da tradição positivista tem sido que uma imagem excessivamente restritiva e enganosa da geografia do comportamento e da percepção tem sido promovida. Aliando-se às ciências comportamentais, os geógrafos passaram a dispor de instrumentos conceituais e metodológicos muito úteis, mas é ainda necessário enfatizar que a geografia não é uma ciência comportamental e que a procura da generalização comportamental não deve ser a única preocupação dos pesquisadores nesse campo do conhecimento. Afinal, gente e lugar contam muito para a ciência geográfica!

Para Relph (apud Goodney; Gold, 1986), embora se possa objetar que a geografia comportamental não é movida por intenções manipuladoras, buscando simplesmente analisar os padrões espaciais de comportamento, uma tal ciência pode ser o primeiro passo para o controle dos comportamentos analisados, do mesmo modo que a explicação dos processos naturais conduz inexoravelmente a intervenções naqueles processos.

Embora justificada, a objeção de Relph à Geografia Comportamental (ou da "percepção") é incompleta, já que o problema não é simplesmente o uso das pesquisas sobre comportamento humano como subsídio para estratégias de controle social. A questão central é não reduzir o comportamento à percepção, buscando metodologias de pesquisa que procurem dar conta do maior número possível de mediações que incidem sobre os (complexos) processos cognitivos, indo da vivência à experiência, do percebido ao vivido, e verificando quais estratégias estão na base das estruturas de representação dos agentes hegemônicos da sociedade. São estes últimos que detêm o poder dos meios de comunicação e das instâncias políticas de planejamento, interferindo nos espaços de representação, através dos espaços concebidos por eles próprios.

Abandonemos, pois, a "Geografia da Percepção" e falemos de uma Geografia cognitiva que dê conta das complexas estruturas de representação da sociedade, de uma "Geografia das Representações Sociais". O objeto dessa Geografia das Representações Sociais deveria ser, em última instância, o poder de impor uma visão de mundo social por grupos (ou quase-grupos), sua capacidade de gerar identidades e representações sociais.

Espaços cognitivos *versus* espaços das representações

O conceito de *habitus* deve servir de fundamento para a análise dos espaços de representação, dos espaços dos processos cognitivos. Para Bourdieu (1979), o *habitus* é ao mesmo tempo um princípio gerador de práticas sociais e um sistema de classificação dessas práticas. É da relação dessas duas características que definem o *habitus* – capacidade de produzir práticas e objetos passíveis de classificação e capacidade de apreciar e diferenciar essas práticas e objetos (gosto) – que se origina o mundo social das representações, o espaço dos estilos de vida.

O *habitus* é estrutura estruturante, que organiza as práticas e a percepção das práticas, mas também estrutura estruturada, produto da divisão em classes sociais. Cada posição/condição é definida por suas propriedades intrínsecas, mas também por suas propriedades relacionais em um sistema de diferenças, de posições diferenciais, por tudo aquilo que ela não é, tudo que a distingue e que a opõe a outras posições/condições. O verdadeiro princípio gerador das diferenças no âmbito do consumo é a oposição entre gostos de luxo (ou de liberdade) e os gostos de necessidade. Os primeiros são próprios dos indivíduos que são produto de condições materiais de existência definidas pela distância à necessidade, pela liberdade, pelas facilidades asseguradas pela possessão de um capital; os segundos exprimem as necessidades das quais eles são produto.

Outra pista interessante vem das pesquisas de Cosgrove (1998) em Geografia Cultural. Para o autor, o poder é expresso e mantido na reprodução da cultura, havendo culturas dominantes e subdominantes ou alternativas, não apenas no sentido político, como também em termos de sexo, idade e etnicidade. As culturas subdominantes podem ser classificadas, sob essa ótica, como residuais (que sobram do passado), emergentes (que antecipam o futuro) e excluídas (que são ativa ou passivamente suprimidas). Cada uma dessas subculturas vai encontrar algum rebatimento no espaço e na paisagem, mesmo que apenas em espaços e paisagens da fantasia.

Se os espaços de representação contêm os espaços percebidos e vividos dos diferentes grupos e classes sociais, é certo que eles contêm e expressam também as lutas e os conflitos dos diferentes grupos e classes pelo domínio das estratégias de concepção desses espaços. Todos os habitantes do espaço urbano têm seu sistema de significações ao nível ecológico, expressão de suas passividades e de suas atividades. Já os arquitetos (paisagistas e urbanistas) parecem ter estabelecido e dogmatizado um conjunto de significações, elaboradas não a partir do percebido e do vivido pelos habitantes da cidade, mas a partir do fato de habitar, por eles interpretado.

Esse conjunto de significações é verbal e discursivo, tendendo para a metalinguagem; é grafismo e visualização, que tende a se fechar sobre si mesmo, a se impor e a inviabilizar qualquer crítica ou questionamento (Lefebvre, 1991). Isso também acontece porque o cotidiano se concebe como estratégia do Estado dirigida às classes médias, suporte e produto desse mesmo Estado (Seabra, 1996). Trabalhando para as classes médias urbanas, o Estado parece produzir apenas objetos e imagens que são, na verdade, testemunhos da desintegração e da desorganização da cidade contemporânea.

A questão da operacionalização: os mapas cognitivos e as redes sociais

No campo da arquitetura e do urbanismo, os estudos e pesquisas do arquiteto Kevin Lynch marcaram, no final da década de 1960, um esforço de operacionalização da questão das significações no contexto urbano. Os mapas mentais, como ferramenta metodológica, se consagraram nos estudos e pesquisas de Psicologia Social e, desde o clássico *A imagem da cidade* de Lynch, vêm sendo usados também para avaliação dos espaços urbanos e das estratégias de apropriação e de territorialização dos diferentes agentes e grupos nas cidades do mundo.

O que permanece na nossa memória? O que esquecemos? Como nos orientamos nos espaços da vida cotidiana? O que consideramos importante e "típico" nesses espaços? (Burckhardt, 1985). A "cartografia cognitiva" é parte integrante e indissociável das práticas espaciais, "facilita" nossa vida na resolução dos problemas espaciais cotidianos e norteia nossas estratégias de apropriação do espaço.

O géografo Roger Downs e o psicólogo David Stea questionam se os mapas mentais podem ser vistos como uma representação confiável e fidedigna da realidade. Os autores concluem que não pode haver convergência total entre a realidade e as representações da realidade, mas que nossas imagens mentais são um modo de apreender e representar o complexo mundo que nos rodeia, uma estratégia (cognitiva) de apreensão da realidade. De acordo com isso, toda imagem ou representação é seletiva: formas e tamanhos podem ser deturpados, relações espaciais podem ser transformadas, em alguns espaços apreendemos muitos detalhes, em outros, nossas representações e imagens podem se constituir em versões empobrecidas da realidade.

A história da imagem urbana é uma história em que o coletivo e o individual se cruzam numa avalanche alegórica, até não sabermos se a imagem é a da cidade ou a do crítico à procura de um espaço perdido (Ferrara, 1990). Ferrara vê, no cruzamento dessas informações, o surgimento de um método que é, ao mesmo tempo, afetivo e cognitivo. São as vivências e experiências pessoais que conferem valor e qualidade às formas urbanas visíveis. Assim, numa mesma paisagem, diferentes observadores encontrarão material de percepção adaptado ao seu modo individual de olhar o mundo.

Assim, partindo-se do pressuposto de que há uma dimensão coletiva e uma dimensão individual nas estratégias de representação dos diferentes agentes e grupos, é necessário também buscar a operacionalização da noção de "redes sociais" na construção de uma metodologia que dê conta da complexidade dos processos cognitivos. A noção de redes de relações sociais deve estar na base da formulação de uma metodologia que busque explicar a articulação entre as representações sociais dos diferentes agentes e grupos nos complexos processos cognitivos de representação e apropriação do espaço. Os espaços urbanos expressam e condicionam as redes de relações sociais (de vizinhança, de parentesco, de amizade e também as redes associativistas, como clubes esportivos, associações de moradores, clubes de mães etc.).Agentes e grupos articulam-se em "rede", não uma rede única, mas redes superpostas, conforme o tema que se esteja enfocando (Villasante, 1996).

Algumas pesquisas realizadas no mestrado em Geografia da Universidade Federal da Bahia demonstram a viabilidade de aplicação de procedimentos e instrumentos metodológicos, como a cartografia cognitiva e os mapas mentais, articulados aos conceitos elaborados pelos autores referenciados anteriormente. A dissertação de mestrado de Souza (2002) mostra claramente a diferença entre os espaços de representação dos diferentes agentes e grupos produtores de espaço em Morro de São Paulo, Bahia. A autora trabalhou com três grupos distintos e "construiu" uma carta cognitiva da localidade para cada um dos grupos pesquisados.

Pode-se dizer que os espaços de representação dos pescadores são muito mais ricos e diversificados em termos de elementos e referenciais representados e também em termos de toponímia. Os turistas reproduzem, em geral, uma representação simplificada e estereotipada do lugar, enquanto os trabalhadores do turismo representam uma categoria intermediária. Na visão de Souza, é na carta cognitiva dos trabalhadores do turismo que se lê a mediação entre o lugar e o não lugar, uma nova paisagem com significado ambíguo e dual, produto dos conflitos, articulações e mediações entre o local e o global.

Para a autora, o lugar dos pescadores é determinado por uma "racionalidade sensível", onde persistem imagens e referenciais não cooptados pela imagem hegemônica do lugar, criada, em última instância, pela atividade turística, intensificada a partir da década de 1990 em Morro de São Paulo. Vale dizer que essa imagem turística de Morro de São Paulo corrobora as afirmações anteriores relativas aos espaços concebidos por instâncias de poder – nesse caso, através do Programa de Desenvolvimento Turístico do Nordeste (Prodetur-NE), em parceria com o governo do estado – que não levam em consideração as práticas sociais e os espaços de representação das populações locais, muitas vezes inviabilizando suas práticas e estratégias cognitivas de apropriação espacial.

Se pensarmos que esses grupos constituem uma rede de relações sociais com profundas implicações na produção do espaço e de suas representações, podemos imaginar que as diferentes cartas constituem, em última instância, diferentes estratégias cognitivas e de apropriação espacial dos diferentes agentes e grupos produtores do espaço de Morro de São Paulo. Esses espaços de representação não são estáticos, ora se contrapõem, ora se justapõem, ora imbricam-se num campo de forças, que estabelecem uma relação tensional entre vivência e experiência, entre percebido e vivido, entre percepção e cognição.

Na verdade, as cartas cognitivas podem exprimir também uma relação explícita entre cultura e poder, como indicado por Cosgrove, já que gradualmente as representações hegemônicas do espaço vão se sobrepondo às representações das populações locais, que, no entanto, sobrevivem junto aos grupos mais ligados às tradições do lugar, como os pescadores. Importante ressaltar que essas representações não são totalmente excluídas, permanecendo como residuais, embora, muitas vezes, não correspondam mais às práticas espaciais cotidianas, expressas nas paisagens de Morro de São Paulo, agora "organizadas" para o desenvolvimento da atividade turística.

O resgate da história oral dos bairros populares de Salvador, das diferentes visões de mundo e de "espaços vividos", no âmbito das atividades do Projeto Espaço Livre de Pesquisa-Ação (DGEO/MGEO/UFBA), mostra que nos bairros populares das metrópoles capitalistas são os moradores os verdadeiros agentes de transformação do espaço. Eles articulam-se em "rede", de acordo com o tema em foco (ver o capítulo "As manifestações da cultura popular").

A análise dos mapas mentais dos diferentes agentes/grupos nos bairros populares de Salvador apresenta resultados semelhantes àqueles descritos anteriormente para a localidade de Morro de São Paulo. Para os bairros com mais chances de incorporação ao circuito turístico da cidade, as imagens hegemônicas, associadas ao *marketing* turístico, vão, aos poucos, sobrepondo-se aos espaços de representação dos moradores e contrapondo-se às suas práticas espaciais cotidianas. Há um nítido deslocamento da esfera da experiência para a esfera da vivência, transformando determinadas práticas e manifestações culturais e tornando-as residuais no cotidiano de cada lugar.

Mas por trás das imagens hegemônicas, pode-se ainda pinçar, nos depoimentos dos moradores, manifestações culturais às vezes "esquecidas" pela mídia e pelo *marketing* turístico. Na maioria das vezes, é no espaço das associações de moradores, das paróquias ou dos terreiros de candomblé que essas subculturas encontrarão algum espaço de expressão. Ao mesmo tempo, muitas dessas manifestações vão desaparecendo, permanecendo vivas apenas na memória de alguns moradores.

Os resultados dessas pesquisas corroboram as ideias de Benjamin, para quem, onde dominava a experiência no senso estrito, assistia-se à conjunção, no campo da memória, entre os conteúdos do passado individual e coletivo. Desse modo, os cultos – com suas cerimônias e festas – operavam, entre esses dois campos da memória, uma fusão sempre renovada. Eles provocavam a recordação em momentos determinados e davam a esses conteúdos a ocasião de se reproduzir ao longo de uma vida. Assim, a memória voluntária e a memória involuntária cessavam de se excluir mutuamente.

A aplicação dos procedimentos metodológicos e dos conceitos renovados de uma Geografia das Representações Sociais pode ajudar no entendimento dos complexos processos cognitivos que resultam da tensão entre percepção e cognição, vivência e experiência, espaços concebidos e vividos. Uma geografia assim pode, sobretudo, explicitar as relações entre cultura e poder nos processos de apropriação social e espacial em diferentes escalas e recortes espaciais, assim como as múltiplas estratégias cognitivas dos diferentes agentes e grupos produtores de "espaço".

DIGRESSÕES

Está no dicionário: *digressão* significa desvio de rumo ou assunto. Pode significar também um subterfúgio ou uma evasiva, ou ainda um recurso literário utilizado com o fim de esclarecer ou criticar o assunto em questão.

Este capítulo constitui-se de digressões, que, juntas, pretendem ampliar como subterfúgio (mas jamais como evasiva), às vezes desviando propositadamente de rumo (mas jamais fugindo do assunto), as discussões precedentes sobre o espaço público na cidade contemporânea.

É uma colcha de retalhos, um caleidoscópio, em que se pretende lançar outras luzes sobre temas como segregação, violência, imigração, cidadania e participação, esclarecendo (ou criticando) o papel da esfera pública burguesa no mundo contemporâneo, a partir da análise de exemplos franceses (com foco, sobretudo, nos bairros populares de Paris), por mim experienciados durante minhas pesquisas de pós-doutorado na França nos anos de 2002 e 2003.

Primeira digressão: heróis da esquina

Um bairro de imigrantes magrebinos e africanos no coração de Paris faz lembrar a situação de muitos bairros periféricos das metrópoles do terceiro mundo. No bairro Goutte d'Or ("Gota de Ouro"), batidas policiais estão na ordem do dia. Jovens desempregados perambulam pelas ruas em grupos, em meio a muito lixo acumulado nas calçadas e a um comércio "étnico" bem diversificado. São poucas as opções de lazer e os espaços públicos são praticamente inexistentes. Há até uma feira de produtos roubados. Prostituição e tráfico de drogas completam um cenário terceiro-mundista naquela que muitos ainda insistem em chamar de "cidade luz".

Inspirada nessa realidade, Laurence Février, uma atriz e diretora de teatro – ela própria moradora há 22 anos do Goutte d'Or –, resolveu entrevistar e conhecer melhor seus vizinhos, transformando os depoimentos em peças teatrais, apresentadas às quintas e aos domingos num café-teatro do 20º distrito de Paris, La Maroquinerie. O conjunto da obra (cada peça resulta de um depoimento) recebeu o nome de *Quartiers-Nord*. Para a atriz e diretora, heróis e bons personagens podem nascer na esquina de casa: durante seis meses ela percorreu com câmara em punho as ruas do bairro, batendo nas portas das casas e visitando as lojas e feiras para recolher histórias de vida. Treze depoimentos foram selecionados e transformados em peças de teatro de uma hora de duração. Cada entrevista deu origem a uma apresentação: assim, personagens como o padeiro, a africana, a dona de casa e o assistente social sobem ao palco do Maroquinerie na pele de treze atores e atrizes "sabatinados" em cena pela própria Février, a "entrevistadora".[1]

Negando o rótulo de "teatro verdade", a diretora classifica seu trabalho como "teatro documentário", em matéria publicada no jornal parisiense *Libération* em 1º de agosto de 2002. Montando *Quartiers-Nord*, Février diz ter se sentido como muitos pintores ou escritores que trabalham observando a realidade do entorno imediato: "uma vez o texto transcrito e interpretado pelos atores cria-se uma distância, um personagem ganha forma e a reflexão e a cartase podem acontecer". O questionamento do que é viver em um bairro como o Goutte d'Or foi o ponto de partida para as entrevistas: "Eu não sabia direito aonde ir, e durante as entrevistas vivi intensamente a emoção de cada encontro. Foi o trabalho de transcrição dos depoimentos que me revelou muitas coisas. A partir da interpretação dos atores, fiz novas descobertas", declara a diretora.

Após cada apresentação de *Quartiers-Nord*, é comum o público questionar se são de fato atores e atrizes que interpretam os personagens ou se são os próprios moradores do Goutte d'Or em carne e osso que sobem ao palco para contar suas histórias. Février não nega a influência de Brecht no trabalho, afirmando, porém, que, aqui, a distância entre ator e personagem "reconduz ao real, à realidade social". Para ela, fazer *Quartiers-Nord* é sair da visão permeada de clichês que a classe média tem de bairros assim: "assistindo à peça estamos diante de treze universos absolutamente diferentes, mas nada do que é dito corresponde ao discurso de insegurança e de combate à violência vinculado pelos meios de comunicação de massa" (*Libération*, 01/08/2002).

Nas apresentações, o cenário e os objetos de cena são restritos ao essencial: duas cadeiras metálicas e alguns focos de luz sobre a cena. No programa da peça, o espectador descobre que o espetáculo é mais que um simples passatempo. Ali, Février reafirma a vontade de enfrentar o desafio da "transcrição cênica da oralidade" e de refletir sobre a vida dos habitantes do Goutte d'Or, a partir de um trabalho de direção de ator que procura se aproximar tanto quanto possível da "intimidade" dos intérpretes, respeitando a palavra de cada "autor/habitante do bairro". Assim, aprendemos com o padeiro seu método artesanal e único de fazer o pão, com a africana, as dificuldades dos imigrantes e exilados na França, com o assistente social, a forma de se aproximar dos jovens do bairro e de integrá-los a um novo mundo de cidadania.

Da justaposição de cenas e personagens, como num caleidoscópio que mistura realidade e ficção, surge uma imagem nova de um bairro "difícil". Difícil, sobretudo, de descrever e de compreender se não abandonarmos as imagens simplistas e unilaterais e adotarmos uma "representação complexa e múltipla da realidade", para usar as palavras do sociólogo francês Pierre Bourdieu. O livro *A miséria do mundo*, de Bourdieu (1993), é, aliás, uma outra fonte de inspiração de Février:"Quando Philippe Adrien festejou seus vinte anos no Teatro de la Tempête, ele pediu que cada ator trabalhasse uma entrevista do livro de Bourdieu. Eu fiz uma delas e ao assistir os colegas fazendo as outras pensei que assim poderia entender melhor o que era a França", diz ela (*Libération*, 01/08/2002).

Na obra de Bourdieu, testemunhos de homens e mulheres foram reunidos confrontando diferentes estilos de vida e diferentes opiniões dos habitantes dos novos guetos urbanos europeus, que aproximam pessoas que tudo separa, obrigando-as a conviver. Bourdieu acreditava que a simples confrontação desses depoimentos poderia mostrar a tragédia cotidiana do afrontamento de pontos de vista tão diferentes e muitas vezes inconciliáveis, criando um "perspectivismo" novo, aprofundando a compreensão sobre a existência humana e as "dificuldades de existir" no mundo contemporâneo. A obra de Bourdieu e a peça de Février ensinam, sobretudo, que o entendimento da violência nas periferias e nos guetos urbanos requer um novo pensamento "paradoxal", que rompa com o superficialismo das análises cotidianas e proceda a uma pesquisa rigorosa de todas as relações existentes entre o espaço físico e o espaço social.

Goutte d'Or: bairro popular e de imigração
Como comprovam as estatísticas, o Goutte d'Or é um bairro popular e de imigração: 38% de estrangeiros e 60% de operários. É também um bairro de jovens: o número de menores de 20 anos é 4% superior à média parisiense. Os problemas de moradia – superocupação e desconforto – persistem, notadamente no setor Château-Rouge.

Na Idade Média, vinhas eram cultivadas nos flancos das colinas e o bairro produzia uma bebida de boa reputação. Goutte d'Or era o nome do vinho, mesmo nome também de um cabaré situado na esquina da Rua des Poissonniers no século XIX. A partir de 1840, essas terras agrícolas são loteadas por promotores imobiliários e novas ruas são abertas nos anos seguintes. Localizado à época na periferia geográfica de Paris, o novo bairro acolheu levas de migrantes do interior da França, atraídos pelo desenvolvimento da cidade, em plena expansão. A construção de imóveis privilegiou os apartamentos pequenos e modestos, para receber trabalhadores solteiros, especialmente durante a construção das ferrovias.

As ondas de migração e imigração se sucederam desde então: franceses do norte da França e da Alsácia, belgas, italianos, poloneses, espanhóis. A partir de 1920, chegam os primeiros argelinos, mas o principal fluxo de imigração magrebina vai se dar nos anos 1950, marcando o setor sul do bairro. Mais tarde, assiste-se à chegada dos africanos do oeste do continente, dos portugueses e dos iugoslavos. Essa identidade "multicultural" do Goutte d'Or fez do bairro um polo comercial importante de produtos africanos e magrebinos em Paris.

Renovação e aposta no futuro

A degradação dos imóveis é o ponto de partida de uma grande operação de renovação no setor sul do bairro, a partir de 1985. Mais tarde, em 1998, as obras chegam também ao setor norte. É dessa época também a inclusão da área em inúmeros programas de desenvolvimento social. As subvenções oficiais fazem proliferar as associações.

Hoje, o bairro conta com um tecido associativo importante, com associações como a Accueil Goutte d'Or (alfabetização e reforço escolar), a Ados (excursões, reforço escolar, jogos infantis), a Apsgo (acompanhamento escolar, excursões, debates), a Loisirs Animation Goutte d'Or (encontros e atividades para jovens entre 16 e 25 anos), a Habiter au Quotidien (orientação sobre problemas de habitação e permanência nos locais de reabilitação urbana), a Goutte d'Or Carré d'Art (artistas que abrem seus ateliês no mês de junho à população do bairro) e a URACA (orientação étnico-psiquiátrica às comunidades africanas do bairro).

Um projeto interessante é o jornal-mural independente On Di Koi, gratuito, que "circula" pelas lojas, ateliês e muros do Goutte d'Or. No número de estreia, em junho de 2002, uma enquete entre os jovens do bairro mostra a expectativa com a chegada de uma filial da multinacional da indústria fonográfica Virgin. Muitos sonham com um emprego de vendedor ou de agente de segurança. A programação completa da festa anual do Goutte d'Or (em sua 17ª edição, sempre em julho), com 49 espetáculos e organizada por 22 associações, também é tema do jornal.

A abertura da nova *megastore* da Virgin é, aliás, mencionada com festa no Zurban Paris, o guia cultural "moderninho" (*branché*, para usar o termo francês) da cidade. O fato vem coroar a tendência de implantação de projetos ligados à cena cultural alternativa no bairro, como a "Rua da Moda", um conjunto de ateliês de novos estilistas instalado na Rua des Gardes. A ideia é incorporar progressivamente mão de obra local à produção dos ateliês, formando e qualificando pessoal local. Uma brasileira está entre os estilistas: Márcia de Carvalho.

Segunda digressão: espaço público, cultural e cidadão

Um grande parque repleto de equipamentos culturais, vizinho de bairros de perfil nitidamente popular, sem grades e sem muros, aberto e acessível a todos em qualquer horário. Parece um sonho, mas ele existe: é o Parque de LaVillette, situado no 19º distrito de Paris, na fronteira entre a cidade e os municípios que compõem sua região metropolitana. O parque é também um lugar de experimentação social, onde métodos originais vêm sendo aplicados para garantir a calma, a segurança e uma certa harmonia social. Uma experiência bem-sucedida e que vem rendendo muitos frutos é o trabalho da Associação de Prevenção do Sítio de LaVillette (APSV), com jovens em situação de risco dos bairros e municípios próximos.

Um ano antes da abertura da Cidade da Ciência em LaVillette, em 13 de maio de 1986, a direção do parque deu a Christian Brulé, um psiquiatra conhecido por seus trabalhos de assistência a toxicômanos e membro do Conselho da Europa, a incumbência de desenvolver uma política de prevenção e promoção de LaVillette como um lugar de inserção social, econômica e cultural para os jovens dos bairros e municípios vizinhos. O trabalho da Associação exprime uma nova ideia de prevenção da exclusão e da violência no espaço público, permitindo, por exemplo, a disponibilização de 120 empregos anuais, seja nos vestiários dos museus existentes no local, seja nas sessões de cinema ao ar livre, que acontecem todo ano no gramado do "Triângulo", com exibição gratuita de centenas de filmes. As atividades da APSV garantem também o acesso privilegiado de crianças e adolescentes, assim como de suas famílias, aos inúmeros eventos artísticos e culturais que ocorrem no parque e nos museus adjacentes.

"As ações que desenvolvemos, se analisadas separadamente, não têm nada de original. A originalidade da APSV está na integração de todas as atividades desenvolvidas e na garantia de sua continuidade", declara Brulé. O fundador da Associação explica que o trabalho dos educadores e assistentes sociais envolvidos se faz em articulação direta com a polícia e os serviços de segurança privados atuantes na área, bem como com os serviços sociais existentes nos bairros e municípios, não existindo estrutura similar em toda a França. Segundo ele, "todos os empregos gerados em La Villette passam pela APSV, são quarenta mil horas por ano de trabalho disponibilizado para os jovens em situação de risco. Além disso, também oferecemos qualificação profissional de operador de duplicação audiovisual e de agente de acompanhamento cultural".

Se, no Brasil, o "operador de xerox" é encarado apenas como um técnico sem qualificação, em La Villette a profissão é valorizada como trabalho artístico. Assim, a qualificação e a inserção profissional no setor de reprografia são vistas também como vetores de acesso à cultura. Em 1995, 14 jovens participaram desse processo, que consistiu em um estágio de 5 meses, remunerado pelo Estado, e em um contrato de qualificação de 8 meses em uma empresa de reprografia. Em maio de 1996, ao fim de 392 horas de formação, os jovens diplomados também organizaram uma exposição de seus trabalhos, intitulada "Fragmentos de uma paisagem amorosa". Atividades de sensibilização direcionadas para a arte contemporânea, encontros com artistas gráficos e visitas guiadas a estabelecimentos culturais parisienses permitiram aos jovens, além de acesso a um *metier* profissional, a descoberta da criação artística contemporânea.

A exposição itinerante de obras de artistas plásticos consagrados – "Viajando na Vertical" (APSV/ *Parc de La Villette/ Actes Sud*, 2001) – marcou época na história da Associação e deu uma chance de participação direta nos meandros da organização da atividade a dez jovens do curso de agente de acompanhamento cultural, com o objetivo de qualificá-los e inseri-los profissionalmente no setor cultural. A partir de fevereiro de 1999, os jovens contabilizaram 17 meses de formação, divididos entre a obtenção de conhecimentos teóricos e técnicos e o confronto com desafios concretos ligados à sua futura profissão. Para a exposição, dez artistas plásticos foram convidados a conceber obras originais para diferentes espaços públicos de dez municípios da região metropolitana de Paris, parceiros de primeira hora do projeto, como Saint-Denis, Prè Saint-Gervais, Pantin, Nanterre e Levallois-Perret. Cada jovem acompanhou o trabalho de um artista, desde sua concepção, bem como a organização da exposição final de todos os trabalhos no Parque de La Villette e de um catálogo ilustrado da exposição, lançado pela editora Actes Sud.

Yves Jammet, um dos responsáveis pela formação, explica que "ela se insere no campo da mediação cultural, transformando os jovens profissionais em veículos entre a produção cultural do parque e dos museus e a população da cidade". Mediação cultural é, aliás, um dos pontos fortes do trabalho da APSV. Segundo Jammet, outras exposições de La Villette já percorreram bairros e municípios vizinhos, ampliando seu público habitual. Entre os anos de 2002 e 2003, por exemplo, uma mostra do artista plástico Claude Rutault ("Transit"), que se utiliza de suportes inusitados para suas pinturas, passou por lugares como a Praça de Fêtes, em Paris, e o Parque Stalingrad, no município de Pantin.

A poesia e a música também contribuem para a formação e inserção dos jovens. O projeto "Poemas do Ano 2000", desenvolvido nos ateliês de escrita da associação, reúne um grande número de textos produzidos pelos jovens assistidos pela APSV. Realizado no período de férias escolares, durante dez dias, o ateliê se utilizou da informática, agrupando dois jovens por computador. Um programa específico, "Mind Manager", permitiu aos participantes lançar ideias sobre uma página, sem ordem, nem hierarquia. O programa, uma ferramenta de *brainstorming*, reagrupa em seguida as ideias por temática e indica possibilidades de desenvolvimento dos temas propostos. Para Christian Brulé, os "Poemas do Ano 2000" são uma coletânea de textos poéticos brutos, "que não foram nem corrigidos, nem censurados, nem reescritos, eles refletem exatamente aquilo que os adolescentes desejavam expressar no momento". Em 2001, dois ateliês de percussão foram organizados pela associação, em um estúdio de gravação profissional, possibilitando aos jovens participantes a aprendizagem de técnicas musicais com professores e músicos renomados.

Um parque como o La Villette, que acolhe mais de três milhões de visitantes por ano, poderia facilmente se transformar em "campo de batalha" para as temidas "gangues" de jovens ou em terreno preferencial para a prostituição e o tráfico de drogas (este último bastante presente na Praça de Stalingrad, não muito longe do parque). Porém, a delinquência juvenil é praticamente inexistente e, ao contrário dos outros grandes parques parisienses – em sua maior parte gradeados e fechados à noite –, os atos de vandalismo são também insignificantes. Prova de que cultura e arte são excelentes meios de combate à violência urbana, muito mais eficientes que grades, muros ou policiamento reforçado.

La Villette, parque cultural

Inaugurado no início dos anos 1990, o Parque de La Villette já nasceu fomentando polêmica. Escolhido ao final de um concurso internacional, que contou com centenas de participantes e o paisagista brasileiro Roberto Burle-Marx como presidente do júri, o projeto tirou do anonimato o arquiteto suíço Bernard Tschumi, dando-lhe fama mundial. Baseado no desconstrutivismo, Tschumi quis indicar uma nova direção para o "parque do século XXI". Imensos gramados, pavilhões vermelhos de formas inusitadas (as *folies*) e jardins temáticos vistos como "quadros de cinema" compõem o parque, entendido pelo seu criador como "o maior edifício descontínuo do mundo".

Para Tschumi, um parque do século XXI deve deixar de querer imitar a natureza e tornar-se palco para a manifestação da cultura. Na verdade, o parque está intimamente ligado a grandes equipamentos culturais parisienses, como a Cidade da Música (um grande complexo musical, que abriga salas de exposições, sala de concertos, auditórios, conservatório e apartamentos para músicos), o Zenith (grande teatro para concertos de música pop) e a Cidade da Ciência (museu da ciência e da indústria), além do Cabaré Selvagem, da Géode (um cinema para exibição de filmes em três dimensões) e dos Teatros Internacional de Língua Francesa e Paris-Villette.

Exposições, espetáculos de circo, peças de teatro, festivais de cinema, concertos de jazz, de música clássica e de música pop fazem parte do cotidiano de La Villette. O público é jovem e diversificado, cresce a uma taxa de 15% ao ano, mas 60% dos consumidores da "cultura" de La Villette têm diploma de curso superior ou estão cursando a universidade. Isso mostra que o parque, além de ser um polo de atração natural para os habitantes dos bairros e municípios próximos (de perfil nitidamente operário e popular), tornou-se também uma referência cultural obrigatória para o restante da cidade.

França étnica, mas nem sempre justa

Quem passear por La Villette num final de semana ensolarado não deve estranhar a presença de percussionistas – profissionais e amadores – nos quatro cantos do parque. Grupos de passistas de samba são também comuns nesse lugar de "lazer festivo", referência em Paris de mistura e integração de raças e culturas. A programação de filmes, peças e exposições reflete a originalidade de La Villette. Entre 28 de outubro e 11 de novembro de 2002, por exemplo, um rico evento teatral –

"Rencontres" ("Encontros") – reuniu artistas da França, Bélgica, Itália, Tunísia e Ruanda. O festival de cinema ao ar livre, anual e gratuito, investiu em 2002 no tema "Cinema sem Fronteiras", com filmes étnicos de todos os continentes. A exposição sobre a cultura de Chiapas (México) encerrou temporada em 17 de novembro do mesmo ano, com grande repercussão de público e crítica.

Mas nem tudo são flores na integração de jovens franceses descendentes de segunda e terceira geração de imigrantes magrebinos e africanos. O caminho para a cidadania plena e a igualdade de chances na vida e no mercado profissional é longo e difícil de percorrer. Uma matéria publicada no jornal *Libération*, de 15 de abril de 2002, mostra que nas periferias e nos bairros populares os diplomas são mais numerosos que há duas décadas. Mas, de acordo com dados do Ministério do Trabalho Francês, citados no jornal, a taxa de desemprego da população economicamente ativa com maior nível de escolarização (com, pelo menos, segundo ciclo universitário completo) é de 5% entre os franceses de nascimento, 11% entre os franceses que adquiriram cidadania (em geral, descendentes de imigrantes) e 20% entre os imigrantes originários do Magreb.

Porém, a França não está parada em relação à questão. Um número verde foi criado para denúncias de discriminação e a legislação ficou mais dura, atribuin-do o ônus da prova às empresas. Conforme o mesmo *Libération*, entre os jovens franceses de origem magrebina a questão da "integração" é não raro motivo de irritação. "Me perguntar se eu sou integrado é dizer que eu não sou francês, que estou à margem da sociedade", declara Rami Témini, 27 anos, "educador" e detentor de um diploma de técnico em eletrônica. Ele tem a impressão de estar, todo o tempo, "ultrapassando barreiras invisíveis" na sua vida profissional.

Terceira digressão: liberdade, igualdade e fraternidade

Liberdade, igualdade e fraternidade são os pilares da república francesa. Mas, na França atual, muitos ainda sentem-se à margem e sem acesso a esses valores republicanos fundamentais. Um filme sobre esse sentimento de não integração, comum entre os habitantes dos (imensos) conjuntos habitacionais populares nas periferias das grandes cidades francesas, foi lançado nos cinemas de Paris em 2002. "Le Bruit, l'odeur et quelques étoiles" ("O barulho, o mau cheiro e algumas estrelas"), de Eric Pittard, estreou dia 20 de novembro, inau-gurando um novo gênero cinematográfico: a "ópera-documentário".

Evitando os clichês, o filme conta a história de Pipo, um jovem de 17 anos, morto por um policial em 1998, quando tentava roubar um automóvel. No conjun-to onde morava – La Reynerie, localizado na periferia de Toulouse –, sua morte provocou fortes reações entre os moradores. Durante alguns dias, uma verdadeira guerrilha urbana tomou conta do lugar, colocando em lados diferentes os habitantes do conjunto e a polícia nacional. Na época, motivados pelos acontecimentos, três jovens, Farid Benfodil, Kader Benguella e Farid Mekouchech, fundam uma associação – 9bis – e organizam uma manifestação pública pedindo justiça. Dois anos depois, o policial é condenado a apenas três anos de prisão, com *sursis*. O filme busca uma reconstituição dos fatos, transformando em protagonistas moradores, policiais, advogados e juízes, na tentativa de entender por que os valores republicanos não fundamentam (ainda!) o cotidiano de alguns franceses (e não franceses).

Os cantores e músicos do grupo Zebda pontuam a narrativa com suas canções originais e com textos de Magyd Cherfi, emprestando poesia e força à película de Pittard. Para o diretor de *Le Bruit...*, "os Zebda estão para o filme, como os coros estão para as óperas tradicionais". Não é, aliás, o primeiro trabalho cinematográfico do grupo. No começo dos anos 1980, alguns jovens dos bairros periféricos de Toulouse, incentivados por uma educadora do Clube de Prevenção, escrevem um roteiro de cinema. O filme, *Autant en emporte la gloire*, marca o início da aventura dos Zebda e circula por festivais de bairros, centros de formação de educadores, por reuniões e colóquios locais, suscitando sempre debates em torno do tema da imigração e dos jovens das periferias. Pouco tempo depois, o grupo recebe do Ministério da Cultura trinta mil francos para a realização de um segundo filme – *Prends tes cliques et t'es classe* – e, com alguns educadores e trabalhadores sociais interessados na linguagem audiovisual, cria sua própria associação, a Vitecri.

Mas os Zebda vão "nascer" de fato e de direito somente no terceiro longa-metragem da troupe. *Salah, Malik, Beurs...* conta a história de um conjunto estreante de rock, "criado" sob medida para o filme. Após o sucesso da película em circuitos locais e nacionais, os Zebda se emancipam da ficção e a Vitecri passa a atuar também no terreno da música. Paralelamente às atividades socioeducativas da associação no campo da prevenção da delinquência, os Zebda dão início à sua carreira musical, gravando dois discos, em 1992 e 1995, e emplacando uma canção na parada de sucessos nacionais, "Le Bruit et l'Odeur". Não é por acaso, portanto, que o filme de Pittard lançou mão do mesmo título do "hit" musical dos Zebda: a película começa justamente com um discurso de Jacques Chirac, presidente reeleito do país, que atribui a irritação dos seus compatriotas e eleitores com os "estrangeiros" ao mau cheiro e ao barulho das famílias de imigrantes magrebinos e africanos. Em 1996, o disco *Motivés* vende cem mil cópias.

O principal objetivo de Vitecri e dos Zebda era o de contribuir para a criação de novos vínculos sociais e culturais entre os moradores da periferia de Toulouse e o de favorecer o intercâmbio entre artistas iniciantes e os jovens dos bairros periféricos. Para isso, organizaram pela primeira vez, em 1991, o festival musical "Ça bouge au Nord", com financiamento público do Ministério da Cultura, do FAS e da Caixa de Depósitos e Consignações. A partir daquele ano, sucederam-se mais quatro edições do evento. Mas, as relações com a prefeitura de Toulouse se deterioram naqueles anos, devido à recusa das instituições locais de permitir a criação de um Café Musical pela Vitecri. Em 1997, a associação toma a decisão de não mais solicitar financiamentos públicos para suas atividades, troca de nome – para "Tactikollectif" –, renuncia às atividades clássicas de animação sociocultural e passa a promover projetos culturais em torno do tema central da cidadania. O lema agora é participar da vida política da cidade: em 2000, a associação lança o primeiro número de uma revista e anuncia a formação de uma lista para as eleições municipais, obtendo, em 2001, 12,4% dos votos no primeiro turno. Aliados à esquerda, Tactikollectif e os Zebda elegem quatro conselheiros municipais no segundo turno.

A trajetória dos Zebda e da Tactikollectif marca uma profunda diferença no universo da representação e intervenção oficiais, formado essencialmente por profissionais do social (educadores e animadores urbanos), experts em matéria de mediação sociocultural. Os jovens do movimento Tactikollectif são mais integrados do que a geração precedente, saída da imigração, por seu nível de estudos e pelo domínio da língua francesa. A maior parte desses jovens são descendentes de imigrantes, mas essa identidade se baseia numa experiência social, não numa cultura particular (Zoïa; Visier, 2001). No filme de Pittard, uma mãe de família, saída da imigração, defende a ideia de que para tornarem-se cidadãos esses jovens precisariam saber mais sobre suas origens. Para ela, é esse tipo de desinformação a causa principal da incompreensão e da não integração. Entre um polo e outro, os jovens da periferia de Toulouse continuam lutando por reconhecimento e justiça, para eles os verdadeiros fundamentos da ordem institucional.

Governo conservador e Lei Sarkozy

Em 22 de abril de 2002, a esquerda francesa acordou em estado de choque. Lionel Jospin, do Partido Socialista, primeiro-ministro por cinco anos consecutivos, estava fora do segundo turno das eleições presidenciais. Passado o susto, os socialistas incentivaram o voto em Jacques Chirac, para preservar os valores republicanos e diminuir as chances de vitória de Jean-Marie Le Pen, seu adversário do Frente Nacional, partido de extrema direita. Inúmeras manifestações antirracistas e pela república levaram milhares de pessoas às ruas em todo o país. Um mês depois, alívio geral com a reeleição de Chirac. Nas eleições para o legislativo, em 17 de junho, o fantasma do Frente Nacional foi definitivamente afastado e o partido ficou sem representante na assembleia, enquanto a União pela Maioria Presidencial, partido de direita criado por Jacques Chirac, obtém 399 do total de 577 cadeiras.

O primeiro-ministro de então, Jean-Pierre Rafarin, põe fim ao governo de coabitação entre socialistas e conservadores de direita. Chirac passa a governar com maioria no legislativo e o Partido Socialista vai para a oposição. Com Rafarin, e rivalizando com ele pela atenção da mídia, surge uma nova estrela da política nacional, o ministro do interior Nicolas Sarkozy. Polêmico, o ministro apresentou em outubro daquele ano projeto de uma nova lei de segurança nacional, com a criação de novos delitos relativos à prostituição, à mendicância e à imigração e de novos poderes e instrumentos para a polícia nacional. A Comissão de Direitos do Homem julga o projeto Sarkozy "perigoso para a liberdade". De acordo com a Comissão, a segurança não pode se opor ao respeito, à dignidade humana, à liberdade de ir e vir e aos direitos de defesa do indivíduo. Para a Anistia Internacional, não é criminalizando os pobres e os estrangeiros que se resolverá o problema da segurança e do bem-estar social.

Para Sarkozy, seus críticos são típicos burgueses, militantes profissionais dos direitos do homem, que lutam pelos "pobres", mas em seguida vão jantar em restaurantes caros. Com a adesão do Abbé Pierre, símbolo nacional da luta contra a desigualdade social, o argumento de "críticos burgueses" foi por água abaixo. Em entrevista ao jornal *Libération*, o Abbé Pierre afirma que "ninguém pode ser perseguido porque mendiga nas ruas ou porque procura um abrigo em um terreno não ocupado, se não recebe da sociedade e do Estado meios para subsistir" (*Libération*, 13/11/2002).

Animação urbana: profissão consolidada

Uma pesquisa de Jean-Pierre Augustin e Jean-Claude Ginnet, professores da Universidade de Bordeaux-III, publicada nos *Annales de la Recherche Urbaine*, em 2000, mostra que nos anos 1990 o número de "animadores urbanos" que trabalhavam em tempo permanente na França era de cento e cinquenta mil, sem contabilizar aqueles atuando em tempo parcial. O campo de trabalho desses profissionais vai da transmissão e criação culturais à inserção social, passando por estratégias de desenvolvimento social de comunidades e bairros.

Nos últimos quarenta anos, a animação urbana afirmou-se e consolidou-se como um sistema nacional, com seus próprios equipamentos, instituições e profissionais. Esse sistema, atuando paralelamente ao sistema de educação nacional, tem as suas atividades voltadas principalmente para as crianças e jovens, mas também desenvolve programas para outras faixas etárias. Complexo e enraizado na história social do país, aparece como mais flexível e menos hierárquico que aquele voltado à educação formal.

Atuando nos setores cultural, sociopolítico e econômico, os animadores urbanos buscam valorizar a construção de uma cidadania ativa para diferentes públicos, baseando suas intervenções nas potencialidades dos agentes envolvidos. Segundo Augustin e Ginnet, um profissional da animação deve enfrentar seu território de ação como um espaço onde se confrontam diferentes agentes e lógicas de apropriação, estruturadas de acordo com os diversos grupos, organizações e instituições ali existentes. A elaboração de estratégias, a identificação de oportunidades de intervenção, a constituição de um grupo ou a reunião de diferentes grupos em torno de um projeto comum, sua implementação e correção de possíveis desvios, mostram a complexidade da atuação desse profissional.

Quarta digressão: novos horizontes na periferia de Paris

Há alguns anos, andando pelas *cités* (conjuntos habitacionais populares verticalizados) da periferia metropolitana de Paris, o sociólogo François Maspero constatava que o que faz falta nesse tipo de paisagem não são nem bancos, nem árvores, nem superfícies gramadas, mas algo muito mais grave. Desde o início, quem desenhou esses espaços pensou na dimensão vertical – os prédios – e na dimensão horizontal, mas esqueceu do fundamental: a profundidade. Não há jamais a possibilidade de uma terceira dimensão! Não há horizonte! São bairros cegos. Estudos mostram que pouco há para se fazer nesses conjuntos e que se trata fundamentalmente de encraves urbanos, cidades-dormitório, com uma população isolada da vida cultural da cidade. Os jovens, os mais afetados pelo desemprego e pela delinquência, são também os que mais sofrem com a imagem negativa das *cités*.

Em busca dessa terceira dimensão e de mais horizontes para a juventude das periferias, importantes iniciativas estão surgindo no campo do audiovisual e das comunicações. Um curta-metragem de vinte minutos, que estreou no Festival de Cannes em 2003, rodado por jovens de uma *cité* em Gonesse, na periferia de Paris, mobilizou uma grande equipe, composta, além dos jovens envolvidos, de um psiquiatra, um jornalista e algumas mulheres de uma associação do Departamento. Com orçamento de cem mil euros, o grupo trabalhou seis meses em pesquisa, escolha de locações, elaboração do roteiro e seleção do elenco. Os jovens participaram de todas as fases da criação do projeto. A ideia de base era mostrar uma outra imagem da periferia parisiense e tentar compreender o problema da violência urbana nos conjuntos habitacionais populares.

Foi dos próprios jovens a iniciativa de convidar o diretor Gregory Papinutto. Para Papinutto, seu trabalho baseou-se fundamentalmente em "um sentimento de confiança mútua", condição para sua aproximação com o grupo de jovens atores. O filme conta a história de Mehdi, um jovem francês de origem magrebina vivido por Laurent Ladet, de 18 anos. Como muitos rapazes de sua condição, o personagem principal fez "muitas bobagens na vida, mas em um determinado momento do filme ele vai escolher outro caminho", declara seu intérprete. Leila Belkalem, a jovem atriz de 16 anos, que protagoniza o curta com Ladet, acha que o filme pode "ajudar a diminuir o preconceito da sociedade com relação à periferia".

Trabalhos assim vêm ganhando força na França. Um exemplo disso é o programa *Opération TéléCité*, da Alizé Productions, transmitido aos sábados, às 11h10 da manhã, no canal de televisão aberta France 3. A emissão, apresentada por Myriam Seurat e concebida pelo cineasta Tewfik Farès, é um veículo de comunicação para jovens de 14 a 21 anos, que todas as semanas elaboram eles próprios reportagens com temas de seu interesse. O princípio é o mesmo do curta de Papinutto: envolver os jovens da periferia na elaboração de matérias, desde a escolha dos temas à montagem final das reportagens. São várias equipes, de três a quatro componentes – repórter, *cameraman*, operadores de iluminação e áudio –, que vão a campo em busca de assuntos diversos, sempre relacionados com a condição sociocultural dos jovens realizadores (e espectadores).

O *Opération TéléCité*, apoiado pelo Ministério Francês do Emprego e da Solidariedade, estreou em setembro de 1999, envolvendo cerca de uma centena de jovens e uma dezena de diretores e montadores. Tewfik Farès acredita que "a televisão pode contribuir para a paz social"; para ele, a telinha deve tornar-se uma "janela aberta ao diálogo". O cineasta defende também a ideia de que os jovens das *cités* não estão nada satisfeitos com a imagem negativa das periferias difundida pelas redes de televisão. "Um dia acontece um problema e aparecem cinquenta câmeras para filmar um carro incendiado. Depois, os jornalistas desaparecem. Por isso, muita gente das *cités* se recusa a ser filmada. Tornando-se repórteres, os jovens podem dar a sua versão dos fatos", observa Farès.

No programa de 11 de janeiro de 2003, por exemplo, foram abordados dois temas principais: a vida de modelo e a integração de deficientes na sociedade. Na primeira parte, uma equipe de Noisy-le-Sec, formada por Nouad, Haitam e Fabian, descobre os meandros do mundo das agências e das passarelas ao entrevistarem Enda – descoberta "por acaso aos 16 anos" pela Benetton e para quem "esse trabalho é um divertimento" – e Olivier – que começou a carreira ao ser abordado "na rua para fazer fotos" e que vê com certo ceticismo a profissão: "somos produtos de um mercado instável, vou fazer até quando puder, depois farei outra coisa". O engajamento da equipe transparece na escolha dos entrevistados e das perguntas formuladas. A um diretor de agência questionam de supetão por que há tão poucos jovens de origem magrebina e africana no mundo da moda e da publicidade. De Sirdane, fundadora do primeiro sindicato de modelos da França, querem saber sobre as dificuldades de mobilização nesse *metier* profissional.

Para desenvolver o tema seguinte, Aurelie, Manu, Paulette e Arnaud viveram o dia a dia de Justine, uma jovem deficiente, conheceram Lydie, que se declara contente de trabalhar em um ateliê de mecânica, viram o outro lado da mesma moeda entrevistando Christophe, que ainda luta para conseguir um emprego. Com Michel Bouquet, presidente de uma ONG que atua na integração dos deficientes na sociedade, tomam conhecimento da insuficiência de empresas dispostas a participar de programas assim e das dificuldades de financiamento de tais iniciativas. De um diretor de uma empresa engajada na inserção de deficientes ouvem que "para trabalhar com essas pessoas é preciso primeiro ganhar a confiança delas". No final da reportagem, Aurelie passa de repórter a entrevistada e fala de suas impressões, declarando que a "sociedade é que precisa ir ao encontro dos deficientes" e que "há muito a aprender com eles".

Aprender a lidar com o fenômeno da alteridade e traçar novas perspectivas a partir do contato com "os outros" parece ser o principal ganho de tais iniciativas. Experiências como o curta-metragem de Gregory Papinutto e o programa Opération TéléCité expõem os jovens das periferias metropolitanas a novos horizontes de subjetividade e sensibilidade, ajudando-os a construir também novas representações da realidade urbana. Surge daí uma terceira dimensão, rica em profundidade, ampliando seus espaços de atuação. Prova de que é possível romper com o processo de sedentarização e isolamento, substituindo definitivamente a segregação pela integração.

Microcosmo familiar e seguro

Uma pesquisa, realizada em 1993 por Michel Kokoreff (com a colaboração de Alain Vulbeau) em quatro localidades da periferia metropolitana de Paris – Asnières, Gennevilliers, Chatou e Palaiseau – junto a jovens de quinze a 25 anos, oriundos das classes populares, mostra que o fenômeno de segregação urbana é mais complexo do que pode parecer à primeira vista. O estudo revela que essa segregação não é só de ordem econômica, mas também – e ao que parece, essencialmente – de ordem social e cultural. É a interiorização de um sentimento de exclusão e de inferioridade a principal razão constatada pela dupla de sociólogos para o enclausuramento voluntário desses jovens nas *cités* pesquisadas. Uma razão nem sempre explicitada, mas facilmente percebida nas entrelinhas dos depoimentos colhidos.

A *cité* torna-se lugar de consolo e conforto, mas também uma espécie de "autopunição". "Quando você trabalha, merece sair no final de semana. Mas quando se está desempregado, você se sente culpado. Você não tem moral para ir a Paris, fica na *cité* jogando cartas e conversa fora com os companheiros", diz Mabrouk, 21 anos, aprendiz de bombeiro (Kokoreff, 1993). A experiência urbana dessa juventude, marginalizada pelos obstáculos à escolarização e pela falta de acesso aos bens culturais, se constrói a partir do horizonte da *cité*. É ali que esses jovens sentem-se "em casa", onde dispõem de referências e amizades, uma zona "protegida", defendida do mundo exterior. Segundo Kokoreff, a *cité* produz suas próprias regras de socialização. A ponto de, mesmo aqueles que conseguem alguma estabilidade econômica e mudam-se para outros bairros, retornarem regularmente para rever os amigos.

Contrariamente à imagem de insegurança disseminada nos meios de comunicação, a *cité* é vivida como um microcosmo familiar e seguro. "Eu nunca vou a Paris, lá me sinto à parte, diferente dos outros. Nas *cités* não é a mesma coisa", declara Mehdi, 19 anos (Kokoreff, 1993). Ainda assim, há também os que vão nos fins de semana a Paris, em busca de novos horizontes. La Défense, Les Champs-Elysées e Les Halles são os lugares mais frequentados pelos jovens da periferia, que experienciam ali, à sua maneira, o contato com jovens de outros estilos, com pessoas de outras faixas etárias e classes sociais. Uma maneira nem sempre bem-vista pelos "outros", já que a conquista desses espaços públicos é expressa através de uma estratégia de busca de visibilidade e atenção, considerada às vezes como "violenta" e socialmente "problemática". Transgredindo as regras de civilidade e "investindo" lugares de modo ostentatório, esses jovens buscam, em última instância, questionar os valores que regem a distribuição dos diferentes espaços socais no contexto metropolitano.

Nota

[1] Informações colhidas do programa do espetáculo *Quartiers-Nord*.

BIBLIOGRAFIA

A ARTE do povo merece atenção. *Discutindo Arte*, n. 2, pp. 37-41, 2005.

A CIDADE não é museu. Entrevista de Henri-Pierre Jeudy a Nadja Vladi. *A Tarde*, 2º Caderno, p. 1, 01/12/2002.

AQUI Jorge Amado buscou inspiração – O centro histórico da capital baiana tornou-se uma atração para as artes. Reportagem de Paul Constance e David Mangurian. Disponível em: <www.iadb.org/idbamerica/index.cfm>. Acesso em: março de 2004.

A RESERVA natural onde nasceu Salvador. *A Tarde*, 1º Caderno, p. 5, 04/06/1999.

ALBERGARIA, Roberto. Festas populares baianas: pós-modernização ou retradicionalização? *A Tarde*, 1º Caderno, p. 7, 04/12/2003.

APSV/PARC DE LA VILLETTE/ACTES SUD. *Voyager à la verticale :* la médiation de l'art contemporain dans les colectivités locales. Paris: TopChromo, 2001.

A RÁDIO da caixinha. ssa-*Jornal da Cidade*, pp. 6-7, julho de 2005.

ARANTES, Otília. *Urbanismo em fim de linha*. São Paulo: Edusp, 1998.

ARENDT, Hannah. *La Crise de la culture*. Paris: Idées/Gallimard, 1972.

_____. *A condição humana*. 10. ed. Rio de Janeiro: Forense Universitária, 2000.

_____. *Entre o passado e o futuro*. 5. ed. São Paulo: Perspectiva, 2002a. (Coleção Debates/Política).

_____. *O que é política?* 3. ed. Rio de Janeiro: Bertrand Brasil, 2002b.

_____. *A dignidade da política*. 3. ed. Rio de Janeiro: Relume-Dumará, 2002c.

ASCHER, François. Le Partenariat public-privé dans le "(re)développement": le cas de la France. In: WERNER, Heinz (dir.). *Partenariats public-privé dans l'aménagement urbain.* Paris: L'Harmattan, 1994, pp. 197-248. (Collection Villes et entreprises).

ATRÁS do trio só vai quem tem dinheiro. *A Tarde*, 1º Caderno, p. 9, 05/03/2000.

AUGUSTIN, Jean-Pierre. Villes et culture, un nouveau rapport au monde. In: AUGUSTIN, Jean-Pierre. La consommation comme loisir. *Urbanisme*, Paris, n. 319, p. 74, 2001.

_____; LATOUCHE, Daniel (dirs.). *Lieux culturels et contextes de villes.* Aquitaine: Maison des sciences de l'homme d'Aquitaine, 1998, pp. 9-24.

_____; GILLET, Jean-Claude. Les Animateurs urbains. Entre médiations et utopies actives. *Les Annales de la Recherche Urbaine*, n. 88, pp. 135-44, 2000.

AZAR na regata. *A Tarde*, Caderno Esporte Clube, 04/03/2004.

BAÍA mantém mistério e beleza nos 500 anos. *A Tarde*, 1º Caderno, p. 7, 01/11/2001.

BALLION, Robert; AMAR, Laure; GRANDJEAN, Alain. *Le Parc de la Villette*: un espace public à inventer. Paris: Laboratoire d'Économétrie de l'École Polytechnique/ CNRS, 1983.

BARTHE, Francine. *Parcs et jardins*: étude de pratiques spatiales urbaines. Paris, 1997. Tese (Doutorado em Geografia) – Instituto de Geografia, Université de Paris IV.

_____. Citoyenneté et incivilité dans le parc public urbain. *Revue Paysage Actualités*, n. 264, décembre 2003.

_____; SERPA, Angelo. Le Parc public: empreintes et mémoire de la ville contempo-raine. *Rio de Janeiro Conference: Historical dimensions of the relationship between space and culture*, 1, Rio de Janeiro, 2003. *Anais...*, Rio de Janeiro: International Geographical Union – Comission on the cultural approach in Geography, 2003, cd-rom.

BARZILAY, Marianne; HAYWARD, Catherine; LOMBARD-VALENTINO, Lucette. *L'Invention du parc – Parc de La Villette, Paris – Concours international.* Paris: Graphite, 1984.

BAUDRILLARD, Jean. Préface. In : AURICOSTE, Isabelle (dir.). *Parc-Ville Villette*, Vaisseau de Pierres 2. Seyssel: Champ-Vallon, 1987, pp. 4-5. (Collection dirigée par Hubert Tonka).

BELMESSOUS, Hacène. Les à-côtés de la rénovation parisienne. *Urbanisme*, Paris, n. 310, pp. 79-82, 2000.

BENJAMIN, Walter. *Obras escolhidas I*: magia e técnica, arte e política – ensaios sobre literatura e história da cultura. 7. ed. São Paulo: Brasiliense, 1996.

_____. *Oeuvres III.* Paris: Gallimard, 2000.

BERQUE, Augustin. Des toits, des étoiles. *Les Annales de la Recherche Urbaine*, Paris, n. 74, pp. 5-11, 1997.

BIDOU, Catherine. *Les Aventuriers du quotidien*: essai sur les nouvelles classes moyennes. Paris: Presses Universitaires de France, 1984.

BONDUKI, Nabil. *Arquitetura e habitação social em São Paulo*. São Paulo: IAB-Instituto dos Arquitetos do Brasil/Fundação Bienal de São Paulo, 1992.

BORGES, Jafé (org.). *Salvador era assim*. Salvador: Instituto Geográfico e Histórico da Bahia, 2001.

BOURDIEU, Pierre. *La Distinction*: critique sociale du jugement. Paris: Minuit, 1979.

_____ (dir.). *La Misère du monde*. Paris: Seuil, 1993.

_____. *O poder simbólico*. 3. ed. Rio de Janeiro: Bertrand Brasil, 2000.

BRAGA, Rosalina Batista. *Conhecendo a cidade pelo avesso:* o caso de Salvador. Belo Horizonte: Del Rey, 1994.

BRITO, Cristóvão Cássio da Trindade. *A produção da escassez de terrenos urbanos em Salvador e suas consequências na reprodução futura do espaço urbano.* Salvador, 1997. Dissertação (Mestrado em Geografia) – Instituto de Geociências, Universidade Federal da Bahia.

BRITO, Marcelo Sousa; SERPA, Angelo. Percepção e cultura na periferia de Salvador: o bairro em imagens, uma experiência de ensino, extensão e pesquisa. In: CUNHA, Eleonora Schettini; CARVALHO, Alysson Massote (orgs.). *(Re)Conhecer diferenças – Construir resultados*. Brasília: Unesco, 2004, pp. 154-61.

BURCKHARDT, Lucius. *Die Kinder fressen ihre Revolution*. Köln: Dumont, 1985.

BURKE, Peter. *História e teoria social*. São Paulo: Ed. Unesp, 2002.

CALENGE, Christian. De la nature de la ville. *Les Annales de la Recherche Urbaine*, Paris, n. 74, pp. 12-9, 1997.

CARLOS, Ana Fani Alessandri. *A (re)produção do espaço urbano*. São Paulo: Edusp, 1994.

CARMONA, Michel. *Haussmann*. Paris: Fayard, 2000.

CASTORIADIS, Cornelius. *Socialismo ou barbárie*: o conteúdo do socialismo. São Paulo: Brasiliense, 1983.

CERTEAU, Michel de. *A cultura no plural*. 3. ed. Campinas: Papirus, 2003.

CHOAY, Françoise. *Histoire de la France urbaine*. Paris: Seuil, 1985.

_____. Conclusion. In: MERLIN, Pierre (dir.). *Morphologie urbaine et parcellaire*. Saint-Denis : Presses Universitaires de Vincennes (PUV), 1988, pp. 145-61.

CLAVAL, Paul. *La logique des villes*. Paris: Litec, 1981.

_____. Modes de communication, spatialités et temporalités. *Rio de Janeiro Conference: Historical dimensions of the relationship between space and culture*, 1, Rio de Janeiro, 2003. *Anais...*, Rio de Janeiro: International Geographical Union – Comission on the Cultural Approach in Geography, 2003, cd-rom.

COELHO, Suely dos Santos; SERPA, Angelo. Transporte coletivo nas periferias metro-politanas: estudos de caso em Salvador, Bahia. *Geografia*, Rio Claro, n. 26, v.2, pp. 91-126, agosto de 2001.

CONDER – Companhia de Desenvolvimento Urbano do Estado da Bahia. *Programa Viver Melhor*. Disponível em: <www.conder.ba.gov.br/prog_viver.htm>. Acesso em: 3 de dezembro de 2002.

CORDEIRO, Márcia de Freitas. *Bairro e identidade cultural na periferia de Salvador*. Relatório Final de Pesquisa. Salvador: Pibic/CNPq, UFBA, 2001.

_____; SERPA, Angelo. Bairro e identidade cultural na periferia de Salvador. In: *Seminário Estudantil de Pesquisa*, 20. Salvador, 2002. *Resumos...* Salvador: Pró-Reitoria de Pesquisa e Pós-Graduação, 2002. v. 1, p. 234-234.

COSGROVE, Denis. A Geografia está em toda parte: cultura e simbolismo nas paisagens humanas. In: CÔRREA, Roberto Lobato; ROSENDAHL, Zeny. *Paisagem, tempo e cultura*. Rio de Janeiro: EDUERJ, 1998, pp. 92-122.

D´ALLONNES, Myriam Revaut. Aristote: entre poétique et politique. In : JOSEPH, Isaac (dir.). *Prendre place*: espace public et culture dramatique. Cerisy: Éditions Recherches, 1995, pp. 61-78.

DANTAS, Marcelo. Gestão, cultura e *leadership* – o caso de três organizações afro-baianas. In: FISCHER, Tânia (org.). *Gestão contemporânea: cidades estratégicas e organizações locais*. Rio de Janeiro: Ed. FVG, 1996, pp. 151-63.

DEBIÉ, Franck. *Jardins de capitales*: une Géographie des parcs et jardins publics de Paris, Londres, Vienne et Berlin. Paris: CNRS, 1992.

DEL RIO, Vicente. Considerações sobre o desenho da cidade pós-moderna. In: *Encontro Nacional da Anpur*, 7. Recife, 1997. *Anais...* Recife: Anpur, 1997, v. 1, pp. 685-714.

DENÈGRE, Pascal. *Parc urbain du XXIe siècle*: le parc de La Villette. Diplom (DPLG), École d'Architecture Paris La Villette, Paris, 2000.

_____. *Entre ville et banlieue, territoire autonome, le parc de La Villette*. Paris, 2001. Mémoire (DEA "Jardins, paysages, territoires"), Université de Paris I – UFR, 08 Géographie.

DIAS, Clímaco. *Carnaval de Salvador*: mercantilização e produção de espaços de segregação, exclusão e conflito. Dissertação (Mestrado em Geografia) – Instituto de Geociências, Universidade Federal da Bahia, Salvador, 2002.

DOWNING, John D. H. *Mídia radical*: rebeldia nas comunicações e movimentos sociais. São Paulo: Senac, 2002.

DOWNS, Roger M.; STEA, David. Cognitive maps and spatial behavior: process and products. In: DOWNS, Roger M.; STEA, David (eds.). *Image and environment – Cognitive mapping and spatial behavior*. Chicago/London: Edward Arnold, 1973.

_____; _____. *Kognitive Karten: Die Welt in unseren Köpfen*. New York: Harper & Row Publishers, 1982.

É DIA de festa na Ribeira. *Bahia Hoje*, Primeiro Caderno, 16/01/1995.

EMELIANOFF, Cyria. Les Villes européennes face au développement durable: une floraison d'initiatives sur fond de désengagement politique. *Cahiers du PROSES*, n. 8, Sciences-Po, 2004.

EMPRESAS substituem a administração pública. *A Tarde*, 1º Caderno, 22/08/1999.

EPPGHLV. *Le Public des espaces de plein air – Étude quantitative et comptages*. Paris: Parc et Grand Halle de La Villette, 1996.

FAMÍLIAS vão permanecer no Pelourinho. *A Tarde*, 1º Caderno, p. 9, 03/09/2005.

FERRAND, Marilène; FEUGAS, Jean-Pierre; HUET, Bernard; LECAISNE, Ian; LEROY, Bernard. Remémoration. *Paris Projet*, Paris, n. 30-31, pp. 150-3, 1993.

FERRARA, Lucrécia D'Alessio. As máscaras da cidade. *Revista USP*, dossiê Cidades, São Paulo, n. 5, v. 5, pp. 3-10, março/abril/maio 1990.

FEYERABEND, Paul. *Wider den Methodenzwang*. Suhrkamp: Frankfurt am Main, 1986.

FONTELES, José Osmar. Comunidade de pescadores de Jericoacara-Ceará entra na rota turística. In: VASCONCELOS, Fábio Perdigão (org.). *Turismo e meio ambiente*. Fortaleza: Editora Funece/Universidade Estadual do Ceará, 1999, pp. 60-75.

GARCIAS, Jean-Claude. Un lustre après, le concours Citroën revisité. *Paris Projet*, Paris, n. 30-31, pp. 100-14, 1993.

GARRIGOU, Alain. Les Classes moyennes dans l'histoire et l'histoire des classes moyennes. In: GUILLAUME, Pierre (dir.). *Histoire et historiographie des classes moyennes dans les sociétés développées*. Talence: Maison des Sciences de l'Homme d'Aquitaine, 1998, pp. 207-16.

GIRAUD, Héléne. HLM: la fin des tabous. *Urbanisme*, Paris, n. 264-265, pp. 59-62, 1993.

GOODEY, Brian; GOLD, John. *Geografia do comportamento e da percepção*. Belo Horizonte: Departamento de Geografia/UFMG, 1986.

GOMES, Paulo César da Costa. *A condição urbana*: ensaios de geopolítica da cidade. Rio de Janeiro: Bertrand Brasil, 2002.

GRÖNING, Gert; HERLYN, Ulfert. Zum Landschaftsverständnis. In: GRÖNING, Gert; HERLYN, Ulfert (eds.). *Landschaftswahrnehmung und Landschaftserfahrung*. München: Minerva Punlikation, 1989, pp. 7-19.

HABERMAS, Jürgen. *Mudança estrutural da esfera pública*. Rio de Janeiro: Tempo Brasileiro, 1984.

HAESBAERT, Rogério. *Des-territorialização e identidade*. Niterói: EDUFF, 1997.

HARD, Gerhard. Landschaft als professionelles Idol. *Garten + Landschaft*, München, n. 3, pp. 13-8, 1991.

ILUMINAÇÃO dá vida nova à Avenida Oceânica. *A Tarde*, 1º Caderno, p. 3, 10/11/1997.

INGALINA, Patrizia. Paris: Jardins d'hier, jardins d'aujourd'hui. *LIGEIA – Dossiers sur l'Art*, Paris, n. 19-20, pp. 87-91, 1997.

JARRASSÉ, Dominique. Les Buttes-Chaumont. In: ANDIA, Béatrice de; JOUDIOU, Gabrielle; WITTMER, Pierre (dir.). *Cent jardins à Paris et em Île de France*. Paris: Delégation à l'action artistique de la ville de Paris, 1992.

JEUNE, musulman et français, une identité à faire accepter. *Libération*, pp. 6-7, 15/04/2002.

JOSEPH, Isaac. *La Ville sans qualités*. La Tour d'Aigues: Éditions de l'Aube, 1998.

JOURDAIN, Stéphane. Qui veut gagner le gros lot? *Zurban Paris*. Paris, n. 125, pp. 18-9, 2003.

JUNG, Carl Gustav. *Archetyp und Unbewusstes*. Grundwerk, Band 2, 4. Auflage. Olten und Freiburg im Breisgau: Walter-Verlag, 1990a.

_____. *Personlichkeit und Übertragung*. Grundwerk, Band 3, 3. Auflage. Olten und Freiburg im Breisgau: Walter-Verlag, 1990b.

_____. *Mensch und Kultur*. Grundwerk, Band 9, 3. Auflage. Olten und Freiburg in Breisgau: Walter-Verlag, 1990c.

JÜNGST, Peter; MELDER, Oskar. Landschaften "in" uns und Landschaften "um" uns. In: JÜNGST, Peter (Ed.). *Innere und aussere Landschaften*. GhK Kasseler Schriften zur Geographie und Planung. Kassel: Kasseler Schule, 1984, pp. 9-66.

KANT, Immanuel. *Kritik der Urteilskraft*. Neuauflage. Stuttgart: Philipp Reclam Jun., 1986.

KELLER, Suzanne. *El vecindário urbano*: una perspectiva sociológica. 2. ed. México: Siglo XXI Ed., 1979.

KIENAST, Dieter. Die Poesie der Stadtlandschaft. *Garten + Landschaft,* München, n. 3, pp. 9-13, 1992.

KIRCHHOFF, H. *Ursymbole und ihre Deutung für die religiöse Erziehung*. München: Kosel-Verlag GmbH & Co., 1982.

KOKOREFF, Michel. L'Espace des jeunes – Territoires, identités et mobilité. *Les Annales de la Recherche Urbaine*, n. 59-60, pp. 170-9, 1993.

LACOSTE, Gérard. Le Devenir du logement social. *Urbanisme*, Paris, n. 310, pp. 76-9, 2000.

LACOSTE, Yves. *A Geografia:* isso serve, em primeiro lugar, para fazer a guerra. 3. ed. Campinas: Papirus, 1993.

LE DANTEC, Jean-Pierre. *Jardins et paysages*. Paris: Larousse, 1996.

LEFEBVRE, Henri. *O direito à cidade*. São Paulo: Moraes, 1991.

_____. *La Production de l'espace*. 4. ed. Paris: Anthropos, 2000.

LEITE, Maria Angela Faggin Pereira. *As tramas da segregação*: privatização do espaço público. São Paulo, 1998. Tese (Livre Docência) – Faculdade de Arquitetura e Urbanismo, Universidade de São Paulo.

LEUNER, Hanscarl. *Katathymes Bilderleben. Ergebnisse in Theorie und Praxis*. 3. Auflage. Bem/Stuttgart/ Toronto: Verlag Hans Huber, 1990.

LIDERANÇA com toques de ousadia. *A Tarde*, Caderno Emprego & Mercado, 22/02/2004.

LOIDL, Hans. Zwischen Ruderalflachenfetisch und Stimulationsrechner. Entwicklungstendenzen in der Objektplanung. *Garten + Landschaft,* München, n. 10, pp. 795-805, 1981.

LYNCH, Kevin. *A imagem da cidade.* Rio de Janeiro: Edições 70, 1990.

MACEDO, Sílvio Soares. *São Paulo, paisagem e habitação verticalizada:* os espaços livres como elementos de desenho urbano. São Paulo, 1987. Tese (Doutorado) – Faculdade de Arquitetura e Urbanismo, Universidade de São Paulo.

MACEDO, Sílvio Soares. Espaços Livres. *Paisagem e Ambiente*: ensaios, São Paulo, n. 7, pp. 15-56, 1995.

MARTIN, Emmanuelle. Bercy: les jardins de la mémoire. *Amc*, Paris, n. 70, pp. 32-7, 1996.

MILHOUD, Yves. *Un Maire à Paris.* Paris: Imprimerie Municipale, 1975.

MILLIEX, Jean-Michel. Le Parc André-Citroën et son quartier. *Paris Projet*, Paris, n. 30-31, pp. 90-5, 1993.

MITCHELL, Don. Não existe aquilo que chamamos de cultura: Para uma reconceitualização da ideia de cultura em Geografia. *Espaço e Cultura*, Rio de Janeiro, n. 8, pp. 31-51, agosto/dezembro, 1999.

MUDANÇA do Garcia critica o salário mínimo e o BO. *A Tarde*, 1º Caderno, p. 9, 08/03/2000.

MURICY, Kátia. Benjamin: política e paixão. In: CARDOSO, Sérgio (org.). *Os ensaios da paixão.* 11. ed. São Paulo: Companhia das Letras, 1999, pp. 497-508.

NEBOUT, Jacqueline. Le Parc Citroën-Cévennes. *Urbanisme*, Paris, n. 212, p. 109, 1996.

NOHL, Werner. Aneignung statt Planung. *Alternative in Stadtplanung.* München: Statt Plan, 1988, pp. 73-84.

_____. Erlebnisasthetik und Planungsasthetik. *Natur und Landschaf,* Köln, n. 67, v. 12, pp. 596-7, 1992.

O BRASIL tem que gostar do Brasil. Entrevista de Gal Costa a Marcus Ramalho. *A Tarde*, 2º Caderno, p. 1, 01/11/2001.

ORLA ganhará um novo projeto de reurbanização até o verão. *A Tarde*, 1º Caderno, p. 5, 24/05/1998.

PARALELA é novo polo de expansão urbana. *A Tarde*, 1º Caderno, 30/11/2002.

PINÇON, Michel; PINÇON-CHARLOT, Monique. *Dans les beaux quartiers.* Paris: Éditions du Seuil, 1989.

PONTE, Alessandra. Le Parc public en Grande Bretagne et aux Etats-Unis. Du "genius loci" au génie de la civilisation. In: MOSSER, Monique; TEYSSOT, Georges (dir.). *L'Histoire des jardins de la renaissance à nos jours.* Paris: Flammarion, 1990.

PRADO JUNIOR, Plinio Walder. Observations sur les ruines de la publicité. In: JOSEPH, Isaac (dir.). *Prendre place: espace public et culture dramatique.* Cerisy: Éditions Recherches, 1995, pp. 111-28.

PRETECEILLE, Edmond. Ségrégation, classes et politique dans la grande ville. In: BAGNASCO, Arnaldo; LE GALES, Patrick (dirs.). *Villes en Europe*. Paris: La Decouverte, 1997, pp. 99-127.

_____. Comment analyser la ségrégation sociale? *Études Foncières*, Paris, n. 98, pp. 10-6, 2002.

"QUARTIERS-NORD", les mots crus du coin de la rue. *Libération*, p. 24, 01/08/2002.

QUEIROZ, Lúcia Aquino de. *Turismo na Bahia: estratégias para o desenvolvimento*. Salvador: Secretaria de Cultura e Turismo, 2002.

RÁDIOS educam e divertem. *A Tarde*, Local, p. 10, 24/07/2005.

REBOIS, Didier. Bercy, un morceau policé. *L'Architecture d'Aujourd'Hui*, Paris, n. 295, pp. 68-79, 1994.

RELPH, Edward. As bases fenomenológicas da geografia. *Geografia*, Rio Claro, v. 4, n. 7, pp. 1-25, abril de 1979.

RIGATTI, Décio. Apropriação social do espaço público. Um estudo comparativo. *Paisagem e Ambiente: Ensaios*, São Paulo, n. 7, pp. 141-97, 1995.

ROCHA, Francisco Ulisses Santos. *Nem só quem tem fé vai a pé*: subsídios a uma política para o pedestre em Salvador. Feira de Santana, 1998. Monografia (Especialização) – Escola de Serviço Público, Fundesp, Universidade Estadual de Feira de Santana.

RONCAYOLO, Marcel. La Croissance de la ville. Les shémas, les étapes. In: BERGERON, Louis (dir.). *Paris*: genèse d'un paysage. Paris: Picard, 1989, pp. 217-61.

ROUANET, Sérgio Paulo. Do trauma à atrofia da experiência – Parte I. In: ROUANET, Sérgio Paulo (org.). *Édipo e o anjo*: itinerários freudianos em Walter Benjamin. Rio de Janeiro: Tempo Brasileiro, 1987, pp. 44-73.

RUEFF, Judith. Le Retour de l'esprit jardin – André-Citroën, le nouveau parc où la tradition refleurit. *Urbanisme*, Paris, n. 264-265, pp. 45-7, 1993.

SANSOT, Pierre; PILON, Annie. La Part maudite. *Revue Autrement* (Le jardin, notre double: sagesse et déraison), n. 184, pp. 31-46, março de 1999.

SANTOS, José Luiz dos. *O que é cultura*. 7. ed. São Paulo: Brasiliense, 1988. (Coleção Primeiros Passos).

SANTOS, Milton. *O espaço do cidadão*. 2. ed. São Paulo: Nobel, 1993.

_____. *Metamorfoses do espaço habitado*. 3. ed. São Paulo: Hucitec, 1994.

SARKOZY attendu au tournant du senat. *Libération*, p. 13, 13/11/2002.

SCHULZE-KOBEL, Hans-Jörg. Raumliche Symbolbildung – Eine von der Geographie vergessene Realitat. In: JÜNGST, Peter (ed.). *Innere und aussere Landschaften*. GhK Kasseler Schriften zur Geographie und Planung. Kassel: Kasseler Schule, 1984, pp. 67-91.

SEABRA, Odete. A insurreição do uso. In: MARTINS, José de Souza (org.). *Henri Lefebvre e o retorno à dialética*. São Paulo: Hucitec, 1996, pp. 71-86.

_____. Urbanização e fragmentação: apontamentos para o estudo do bairro e da memória urbana. In: SPOSITO, Maria Encarnação Beltrão (org.). *Urbanização e cidades*: perspectivas geográficas. Presidente Prudente: Unesp/GAsPERR, 2001, pp. 75-95.

_____. *Urbanização e fragmentação*: cotidiano e vida de bairro na metamorfose da cidade em metrópole, a partir das transformações do Bairro do Limão. São Paulo, 2003. Tese (Livre Docência) – Faculdade de Filosofia, Letras e Ciências Humanas, Universidade de São Paulo.

SENNET, Richard. *Les Tyrannies de l'intimité*. Paris: Seuil, 1974.

_____. *O declínio do homem público*. São Paulo: Companhia das Letras, 1998.

SEMEA XV. *Le Nouveau Quartier Citroën-Cevennes*. Paris: Société d'économie mixte d'équipement et d'aménagement du XVème arrondissement, 1998.

SERPA, Angelo. *Annaherung an den Begriff Park. Eine Studie zur menschlichen Wahrnehmung der Natur am Beispiel städtischer Freiraume*. Viena, 1994a. Tese (Doutorado) – Institut für Landschaftsgestaltung, Universität für Bodenkultur Wien.

_____. Was ist Natur? *Zolltexte*, Viena, n. l, pp. 21-4, 1994b.

_____. Erinnerungen ...Auf der Suche nach einer "Versohnungssprache" für die Freiraumplanung. *Das Gartenamt*, Berlin/ Hannover, n. 6, pp. 37682, 1994c.

_____. Morfologia e apropriação dos espaços livres em Itaquera, São Paulo: alguns conceitos e considerações. In: *Encontro Nacional de Ensino de Paisagismo em Escolas de Arquitetura e urbanismo do Brasil*, 2, São Paulo, 1995. *Anais...*, São Paulo: Universidade de São Marcos/FAU-USP/Unimarco, 1996, pp. 161-74.

_____. Os espaços livres de edificação nas periferias urbanas: um diagnóstico preliminar em São Paulo e Salvador. *Paisagem e Ambiente: ensaios*, São Paulo, n. 10, pp. 189-216, 1997.

_____. Urbana baianidade, baiana urbanidade. Salvador: Universidade Federal da Bahia, 1998.

_____. Questão fundiária em Salvador. *Gazeta Mercantil*, Gazeta da Bahia, p. 2, 10/05/2000.

_____. Percepção e fenomenologia: em busca de um método humanístico para estudos e intervenções do/no Lugar. *Olam – Ciência e Tecnologia*, Rio Claro, v. 1, n. 2, pp. 29-61, 2001.

_____. Parque do Abaeté e Parque das Esculturas em Salvador: Uma análise comparativa. In: SANTIAGO, Alina Gonçalves (org.). *Tendências da paisagem contemporânea*. Florianópolis: UFSC, 2001, pp. 222-30.

_____. A paisagem periférica. In: YÁZIGI, Eduardo (org.). *Turismo e paisagem*. São Paulo: Contexto, 2002, pp. 161-79.

_____. Parque público e valorização imobiliária nas cidades contemporâneas: tendências recentes na França e no Brasil. *Encontro nacional da Anpur: encruzilhadas do planejamento – Repensando teorias e práticas*, 10, Belo Horizonte, 2003. *Anais...*, Belo Horizonte: Anpur/UFMG, 2003, cd-rom.

_____. Le Parc urbain: un espace public dans la ville contemporaine? Étude comparée Paris–Salvador da Bahia. *Geographie et Cultures*, Paris, n. 52, pp. 91-104, 2004a.

_____. Paisagem em movimento: o parque André-Citroën em Paris. *Paisagem e Ambiente: ensaios*, São Paulo, n. 19, pp. 137-62, 2004b.

_____. Experiência e vivência, percepção e cultura: uma abordagem dialética das manifestações culturais em bairros populares de Salvador. *Ra'e ga: o espaço geográfico em análise*, Curitiba, n. 8, pp. 19-32, 2004c.

_____. Mergulhando num mar de relações: redes sociais como agentes de transformação em bairros populares. *Geografia*, Rio Claro, v. 30, n. 2, pp. 211-2, maio/agosto 2005.

_____; GARCIA, Antonia dos Santos. O potencial turístico do subúrbio ferroviário de Salvador sob a ótica dos moradores. In: LIMA, Luiz Cruz (org.). *Da cidade ao campo*: a diversidade do saber-fazer turístico. Fortaleza: Funece, 1999, pp. 91-102.

SERPA, Felippe. *Rascunho digital*: diálogos com Felippe Serpa. Salvador: EDUFBA, 2004.

SILVA, Maria da Glória Lanci. Urbanização do lazer: reflexões sobre produção e consumo da paisagem em cidades turísticas. *Paisagem e Ambiente: ensaios*, São Paulo, n. 12, pp. 233-51, 1999.

SOUZA, Flávia Silva de. *Identidade de bairro e manifestações culturais em áreas de urbanização popular de Salvador*: estudos de caso nos bairros do Curuzu e São Tomé de Paripe. Relatório Final de Pesquisa. Salvador: PIBIC/CNPq, UFBA, 2004.

_____; SERPA, Angelo. Identidade de bairro e manifestações culturais em áreas de urbanização popular de Salvador: estudo de caso no Curuzu. *Semoc – Semana de Mobilização Científica*, 7, Salvador, 2004. *Anais...*, Salvador: UCSAL, 2004, cd-rom.

SOUZA, Luciana Cristina Teixeira de. *Morro de São Paulo/Cairu-Bahia*: uma decodificação da paisagem através dos diferentes olhares dos agentes socioespaciais do lugar. Salvador, 2002. Dissertação (Mestrado em Geografia) – Instituto de Geociências, Universidade Federal da Bahia.

SOUZA, Marcelo José Lopes de. O bairro contemporâneo: ensaio de abordagem política. *Revista Brasileira de Geografia*, Rio de Janeiro, v. 51, n. 2, pp. 139-72, abril/junho, 1989.

_____. Da "fragmentação do tecido sociopolítico-espacial" da metrópole à "desmetropolização relativa": alguns aspectos da urbanização brasileira nas décadas de 80 e 90. *Simpósio Nacional de Geografia Urbana*, 3. *Anais...*, Presidente Prudente: Unesp/AGB, 1999, pp. 40-1.

STARKMAN, Nathan. Deux nouveaux parcs à Paris. *Paris Projet*, Paris, n. 30-31, pp. 88-9, 1993.

TUAN, Yi-Fu. *Espaço e lugar*. São Paulo: Difel, 1983.

UM BAIRRO em busca da paz. *A Tarde*, Polícia, p. 14, 24/07/2005.

UN PARC pour le XXIème siècle. *Paysage et Actualités*, p. IV-VIII, octobre 1992.

URIARTE, Urpi. *Espaço, cultura e identidade na perspectiva da antropologia urbana*. Mimeo. Salvador, 2001.

VERDADES e mentiras do novo Pelô. *A Tarde*, 1º Caderno, p. 3, 28/01/2004.

VERLET, Pierre. *Le Château de Versailles*. Paris: Fayard, 1961.

VILLASANTE, Tomás R. *Metodologia dos conjuntos de ação*. In: FISCHER, Tânia (org.). Gestão contemporânea – Cidades estratégicas e organizações locais. Rio de Janeiro: FGV, 1996, pp. 37-51.

VITALITE de la Memoire. *Architecture*, n. 412, février-mars 1994, pp. 34-42.

WATZLAWICK, Paul. *Lösungen. Zur Theorie und Praxis menschlichen Wandels*. 4. Auflage. Bern, Stuttgart, Toronto: Verlag Hans Huber, 1988

WENZEL, Jürgen. Über die geregelte Handhabung von Bildern. *Garten + Landschaft*, München, n. 3, pp. 19-24, 1991.

WORMBS, Brigitte. News from Now-here. In: CRISTOPH, Hans (ed.). *Tintenfisch, 12. Thema: Natur - oder: Warum ein Gesprach über Baume heute kein Verbrechen mehr ist.* Berlin: Buch Verlag Klaus Wagenbach, 1977, pp. 52-63.

YÁZIGI, Eduardo. *A alma do lugar*: turismo, planejamento e cotidiano. São Paulo: Contexto, 2001.

YUM, Di Lou. La Nature domptée. *Jardin des Modes*, pp. 74-5, juin-juillet 1993.

ZIEREP, M. Bürgerbeteiligung in der Praxis. Das Modell "Planungszelle" in der Anwendung. In: ZENKI, Maria (ed.). *Bürger lnitiativ. Probleme und Modelle der Mitbestimmung.* Wien/Koln: Bohlau Verlag, 1980.

ZOÏA, Geneviève; VISIER, Laurent. De Zebda à motivé-e-s: une association des quartiers à la conquête du politique. *Les Annales de la Recherche Urbaine*, n. 89, pp. 87-94, 2001.

ICONOGRAFIA

Capítulo "Acessibilidade": figuras 1 a 23, Angelo Serpa. Capítulo "Valorização imobiliária", figuras 1 a 10 e 15 a 20, Angelo Serpa; figuras 11 a 14, PPGAU/UFBA. Capítulo "Visibilidade": figuras 1 a 2 e 4 a 13, Angelo Serpa; figura 3, Apur. Capítulo "Natureza e intersubjetividade": figuras 1 a 13, Angelo Serpa. Capítulo "As manifestações da cultura popular": figuras 1, 3 e 7, Caroline Menezes; figuras 2 e 4 a 6, Marcio Freitas; figura 8, Flávia Silva de Souza; figuras 9 a 11 e 13 a 16, Marilu Matos; figura 12, Angelo Serpa.

O AUTOR

Angelo Serpa é pesquisador do CNPq, professor-associado doutor do Departamento de Geografia da Universidade Federal da Bahia (UFBA), onde também coordena os projetos de pesquisa Espaço Livre de Pesquisa-Ação e Terracult - Territórios da Cultura Popular. Na mesma instituição é coordenador do laboratório de Análises Urbano-Regional e professor permanente do mestrado em Geografia e do programa de pós-graduação em Arquitetura e Urbanismo. É autor e coautor de diversas obras individuais e coletivas, entre elas *Turismo e paisagem* e *Dilemas urbanos: novas abordagens sobre a cidade* (ambas publicadas pela Editora Contexto), e de dezenas de artigos publicados em periódicos científicos no Brasil e no exterior.